RECHERCHES MATHÉMATIQUES

sur

LES LOIS DE LA MATIÈRE.

RECHERCHES MATHÉMATIQUES

SUR

LES LOIS DE LA MATIÈRE,

PAR

L.-J.-A. DE COMMINES DE MARSILLY,

ANCIEN ÉLÈVE DE L'ÉCOLE POLYTECHNIQUE.

PARIS,

GAUTHIER-VILLARS, IMPRIMEUR-LIBRAIRE

DE L'ÉCOLE IMPÉRIALE POLYTECHNIQUE, DU BUREAU DES LONGITUDES,

SUCCESSEUR DE MALLET-BACHELIER,

Quai des Augustins, 55.

—

1868

C.

TABLE DES MATIÈRES.

Exposé du débat entre les attractionnistes et certains physiciens modernes; on prend pour guide l'*Unità delle forze fisiche* du P. Secchi. — Réfutation des objections adressées à l'attraction par le P. Secchi. — Exposé du système de cet astronome. — Il est basé sur les conclusions, mal appliquées, de la théorie de la percussion des corps durs par Poinsot. — Celui-ci avait cru à tort que la percussion des corps durs était un sujet nouveau, et ne s'était pas aperçu qu'elle était traitée à fond par Poisson, dans son *Traité de Mécanique*, sous le titre impropre de choc des corps mous. — De plus, Poinsot a commis une erreur capitale dans sa théorie en oubliant que, dans la percussion, on devait tenir compte seulement des composantes normales à la surface de contact; tous ses résultats sont, par suite, inexacts, et Poisson est le seul guide qu'on doive suivre. — Définition des idées élémentaires de la discussion : corps, molécule, atome, inertie, impénétrabilité. — Si les molécules et les atomes sont durs ou imparfaitement élastiques, tout choc entraînera une déperdition de forces vives; et comme, pour ceux qui veulent tout expliquer par des échanges et des transformations d'un mouvement imprimé à l'origine des temps, il y a des milliers de trillions de chocs d'atomes par seconde entre les molécules prises deux à deux, il y a une prodigieuse déperdition de forces vives par seconde; et quelque grande qu'on suppose à l'origine des temps la somme des forces vives, celle-ci sera bientôt réduite à zéro si on n'admet pas de forces intrinsèques pour restituer les vitesses perdues; par conséquent, tout mouvement sera bientôt détruit, puisque $S\, mv^2$ ne peut être nul qu'à la condition de la nullité de chacune des vitesses v qui y entrent. — Si les atomes sont élastiques et tels, que les chocs n'y amènent pas de déperdition de force vive, ce qui entraîne certaines conditions particulières signalées par Poisson et M. de Saint-Venant, tous les corps plus denses se dissocieront avec une extrême rapidité sous l'action répétée des chocs, et tout le milieu devra, dans un intervalle relativement court, être amené à une densité uniforme. — En un mot, toutes les prétendues explications du monde physique par des chocs d'atomes et des échanges de forces extrinsèques imprimées à l'origine des temps aboutissent à des impossibilités complètes et sont absurdes.

matière continue à ceux de la matière discontinue, est tout à fait inapplicable au cas des attractions considérées aux distances moléculaires. — L'application de la série d'Euler, faite à la manière ordinaire, semble justifier cette assimilation. — Mais alors la série d'Euler est complétement inexacte. — Toutefois, elle fournit le moyen de calculer, par une série semblable, la correction qu'on doit y appliquer. — Tableaux de calculs numériques établissant l'écart qui existe entre la formule appliquée à la manière ordinaire et la réalité pour $S\frac{1}{r}$. — Tableaux de la décroissance des écarts, avec l'augmentation de la distance, pour $S\frac{1}{r}$, $S\frac{1}{r^2}$, $S\frac{1}{r^3}$.

Expression générale en série de la composante de la force élastique parallèlement à une droite donnée. — Expression générale en série de la composante totale de l'attraction en raison inverse de la $n^{ième}$ puissance de la distance exercée par une portion de corps limitée par un plan matériel sur une molécule comprise dans ce plan. — Tentatives de représenter les mêmes composantes par des expressions obtenues d'une manière directe. — Ces expressions se prêtent moins au calcul et mieux aux raisonnements. — On en conclut que la composante de l'attraction parallèlement à une direction donnée varie généralement en grandeur avec la direction du plan sur lequel elle s'exerce. — Il en est de même pour l'élasticité. — La composante de l'attraction et celle de l'élasticité sont dans un rapport constant pour un même plan.

Les sommes $S\frac{1}{r^n}$ se composent d'une partie finie donnée par l'application de la série d'Euler à la manière ordinaire et d'une quantité de l'ordre $\frac{1}{l^n}$ qui est la correction, quand il y a lieu d'appliquer celle-ci. — Il en résulte de nombreuses simplifications dans les formules destinées à calculer l'élasticité ou la composante de l'attraction dans lesquelles la partie finie devient insensible. — Formules simplifiées. — Elles montrent que les forces élastiques dépendent seulement des données relatives au point considéré et nullement des dimensions extérieures du corps. — Elles ne donnent pas lieu aux objections contre la loi de résistance déduite des formules de la matière continue. — Énumération des expériences connues sur l'attraction à distance. — Expressions de l'action exercée à distance par une sphère sur un point extérieur ou sur une autre sphère quand l'attraction moléculaire a lieu en raison inverse : 1° du carré de la distance; 2° du cube de la distance; 3° de la quatrième puissance de la distance; 4° de la cinquième puissance de la distance. — Application aux expériences directes de la mesure de la pesanteur et limites qui en résultent pour f_n. — Application aux mesures de la pesanteur par les phénomènes astronomiques, et limites qui en résultent pour f_n. — Application aux

ERRATA.

Page 1, ligne 6, *au lieu de* atomes étendus, *lisez* atomes inétendus.

  » 5,   » 3, *au lieu de* intrinsèque, *lisez* extrinsèque.

  » 30,   » 13, *au lieu de* $\omega\omega'\mu\mu'f_n$, *lisez* $\omega\omega'\mu'f_n$.

  » 47, dernière équation (31), *au lieu de* d, *lisez* d^2.

  » 64, ligne dernière, *au lieu de* l'article 18, *lisez* le n° 17.

  » 85,   » 9, *au lieu de* à celle de B sur A, *lisez* à celle de A sur B.

  » 88,   » 2, *au lieu de* par m, *lisez* par M.

  » 123,   » 15, *au lieu de* force γ, *lisez* face γ.

  » 134,   » 10 en remontant, *au lieu de* $\frac{r}{\delta^3}d\varphi\,d\psi\,dr$, *lisez* $\frac{r}{\delta^3}d\delta\,d\psi\,dr$.

  » 146,   » 11, *au lieu de* ne varient que, *lisez* ne varient pas.

  » 148,   » 9 en remontant, *au lieu de* sans que θ, *lisez* sans que θ'.

  » 157,   » 7 en remontant, *au lieu de* intrinsèque, *lisez* extrinsèque.

RECHERCHES MATHÉMATIQUES

LES LOIS DE LA MATIÈRE.

§ I. — *Exposé et but du Mémoire.* — *Nécessité des forces intrinsèques.*

1. Au moment où parurent les fameux *Philosophiæ naturalis Principia mathematica* de Newton, les conceptions cartésiennes triomphaient partout des conceptions de la Scolastique, et l'idée d'une matière étendue, inerte, obéissant à des impulsions étrangères, agissant seulement par sa forme et sa densité, remplaçait dans l'esprit des savants celle d'atomes étendus doués d'attributs occultes. Aussi, bien que confirmée par l'expérience, l'attraction universelle choqua, en tant qu'attribut occulte au premier chef, plusieurs esprits engoués des conceptions nouvelles; Newton même, cédant à l'entrainement général, admit que l'attraction pouvait être un fait résultant d'actions extérieures à la matière. « *Quam ego attractionem appello fieri sanè potest ut ea efficiatur impulsu vel alio aliquo modo nobis ignoto.* » (*Optice*, Q. 23, p. 322.) Vainement les faits sont-ils venus confirmer de plus en plus l'attraction universelle, le nombre de ceux qui ne veulent pas y voir une propriété inhérente à la matière augmente tous les jours, même dans les premiers corps savants; le compromis risqué par Newton entre le fait incontestable de l'attraction et l'idée cartésienne de la matière est accepté par un grand nombre de modernes comme un axiome. Récemment, un des premiers astronomes de notre époque, le P. Secchi, a réuni dans un ouvrage, *l'Unità delle forze fisiche*, toutes les preuves expérimentales établissant, selon lui, que l'attraction est un résultat d'impulsions

1

primitivement imprimées à la matière et se transmettant, en se transformant au besoin d'un atome à l'autre, par une série de chocs successifs; dans la fièvre de son travail d'entassement de preuves (probabi-
lités), il a cru pouvoir écrire ces lignes :

> « *Qui soltanto ci sia permesso di fare una riflessione. Quando si consi-*
> *dera quale immensa copia di fatti siasi dovuta adunare e preparare per*
> *arrivare a concludere quel poco che è detto finora, non potrassi a*
> *meno di non ammirare (per non dir altro) la franchezza di quelli che*
> *cercano decidere le questioni di fisica colle teorie* à priori, *e insieme ciò*
> *deve incoraggire i fisici nel laborioso arringo in cui si sono messi del*
> *tentativo lento e penoso dell' esperimento.* » (*L'Unità delle forze fisiche,*
> p. 122.)

C'est-à-dire :

> « Ici seulement qu'il nous soit permis de faire une réflexion. Quand
> on considère quel immense amas de faits on a dû réunir et préparer
> pour arriver à conclure le peu qu'on a dit jusqu'à présent, on ne peut
> pas faire moins que d'admirer (pour ne pas dire autre chose) l'au-
> dace de ceux qui cherchent à trancher les questions de physique
> avec la théorie *à priori*, et, en même temps, cela doit encourager les
> physiciens dans la tâche laborieuse qu'ils ont acceptée des tâtonne-
> ments lents et pénibles de l'expérience. »

Malgré ce ton triomphal, le P. Secchi se trompe : l'expérience *seule*
ne peut pas suffire à découvrir les lois du monde physique, et *l'Unità
delle forze fisiche* en offre un éclatant exemple; la théorie *seule* est aussi
évidemment également impuissante. Le concours de l'expérience et de
la théorie, c'est-à-dire du raisonnement appuyé sur les lois du calcul
et de la mécanique, est nécessaire à l'homme pour découvrir ce qu'il
lui est permis de voir dans l'énigme que lui pose le monde physique.

Nous nous proposons d'abord de montrer la puérilité des objections
soulevées contre l'existence de forces matérielles intrinsèques et l'impossibilité d'expliquer les phénomènes de la nature par des forces
extrinsèques appliquées une fois pour toutes à la matière dès l'origine
des temps. Subsidiairement, nous relèverons le défaut du dernier

ouvrage de M. Poinsot sur la percussion des corps durs, publiée dans le *Journal de Mathématiques* de M. Liouville.

La nécessité de l'existence de forces intrinsèques une fois démontrée, nous examinerons particulièrement le cas où ces forces dépendent uniquement des distances des molécules entre lesquelles elles se produisent; et l'on verra facilement qu'elles se composent d'une série d'actions en raison inverse d'une puissance entière n de la distance. C'est une simple conséquence des principes bien connus des développements en série.

On peut imaginer différentes compositions moléculaires. Comme il s'agit d'abord de découvrir les lois fondamentales qui unissent les molécules, il convient de n'en pas trop compliquer la recherche par une trop grande généralité laissée aux systèmes de composition moléculaire et par les difficultés de calcul qui en résultent; nous supposerons donc des molécules identiques dans toute l'étendue du corps envisagé et disposées suivant des lois géométriques. Il résulte de cette hypothèse diverses propriétés et liaisons mathématiques; nous les étudierons en détail et nous établirons les propositions qui nous permettront d'arriver à l'établissement des équations d'équilibre ou de mouvement. Celles-ci exigent des sommations pour lesquelles beaucoup d'auteurs croient pouvoir employer, sans grande erreur, les formules de la matière continue; nous montrerons qu'il ne peut pas en être ainsi, et quelles corrections il faut faire subir à la formule d'Euler pour obtenir la valeur véritable des sommes d'actions de la matière discontinue. Nous établirons alors comment les attractions conduisent aux forces élastiques, objet des mesures expérimentales; et nous en déduirons une conséquence sur la grandeur que doit avoir n pour qu'une attraction en raison inverse de la $n^{ième}$ puissance de la distance puisse produire les forces élastiques observées. Comme premier résultat, il en ressort l'impossibilité absolue d'expliquer les phénomènes moléculaires par l'attraction universelle. Nous étudierons ensuite les faits observés, et nous arriverons à cette conclusion que les actions moléculaires résultent d'attractions en raison inverse d'une puissance de la distance égale à 4 ou plus grande. Ceci n'a rien qui s'écarte des expériences les plus précises faites sur les actions moléculaires. Voyez à ce sujet, dans les *Comptes rendus des séances de l'Académie des Sciences*, t. LXIV, p. 741, une Note de M. Ath. Dupré, où cet habile

1.

physicien croit avoir prouvé que la loi des attractions est exprimée par trois termes, savoir : 1° le terme astronomique; 2° le terme physique; 3° le terme chimique. Nous prouvons qu'il faut admettre, en dehors du terme astronomique, au moins un terme pour rendre compte des phénomènes physiques, et que ce terme est une attraction en raison inverse de la quatrième puissance de la distance, ou d'une puissance plus grande, ou enfin une somme d'attractions de cette sorte. Nous sommes donc d'accord avec M. Ath. Dupré en ce qui concerne le terme physique; quant au terme chimique, la nécessité n'en peut être démontrée théoriquement qu'en faisant intervenir des éléments de nature différente, ainsi que cela se passe dans les phénomènes chimiques : c'est une question que nous laissons réservée, quoique porté à partager les idées de M. Dupré.

Nous établissons les équations de l'équilibre et du mouvement de deux manières différentes : 1° en tenant compte seulement des forces attractives; 2° en substituant à celles-ci la considération des forces élastiques proportionnelles aux surfaces d'un polyèdre fictif, suivant l'usage général admis à une époque où l'on supposait la matière continue. Ces deux systèmes d'équations concordent, et, par cela même, le dernier est justifié.

Par ce sommaire des matières traitées dans le présent Mémoire, et celui plus détaillé qui le termine, on peut en juger l'importance.

2. Abordons l'examen des objections adressées à l'attraction par le P. Secchi; mais préalablement faisons notre profession de foi, savoir : que nous n'avons pas la prétention de tout comprendre; conséquemment nous ne déclarons absurdes que les lois qui conduisent à des résultats impossibles ou contradictoires, et non celles dont le seul tort est d'être au-dessus de notre intelligence. Nul homme sensé ne peut prétendre davantage. Cela posé, voici un des résumés les plus complets des objections du P. Secchi (*l'Unità delle forze fisiche*, p. 446 et 447); il est traduit presque mot à mot :

« La théorie atomique, loin donc d'être absurde et incapable d'expliquer les phénomènes, comme quelques-uns le prétendent, est ainsi celle qui résulte directement des faits. De plus, elle est indépendante de la théorie des forces qui déterminent l'union de ces atomes; par conséquent chacun reste libre d'imaginer : ou qu'ils sont déterminés au mouvement par des causes occultes et des puissances intrinsèques, ou que toutes leurs unions s'accomplissent par l'action intrinsèque d'un milieu en mouvement. Les doter de forces attractives est certainement la chose la plus commode; mais nous avons vu en plus d'un endroit la complication qu'apporte un pareil système et le nombre infini de forces qu'il faut admettre. En peu de mots, il faut presque appliquer à ces atomes une certaine intelligence pour savoir s'ils doivent agir ou non, et quelque chose qui les avertit quand ils ont sujet d'exercer leur action ! Et puis cette force, quelle chose est-ce ? Comment ne s'épuise-t-elle jamais ? Comment arrive-t-il qu'étant toujours en activité et disposée à agir sur tous les corps, quand nous en présentons deux ensemble, elle agisse sur l'un et point sur l'autre ? A-t-elle l'intelligence de choisir ? Nous pourrions multiplier ces demandes au lecteur, sûr de ne pas avoir de réponse, et par conséquent inutilement ; le meilleur parti sera donc de chercher une conception des forces en les supposant dérivées du mouvement qui anime la matière. »

Nous avons tenu à donner en entier cette argumentation, tant elle est faible; nous aurions craint d'être accusé de la dénaturer, si nous nous étions contenté d'y répondre sans en présenter le texte authentique. Le P. Secchi accuse les attractionnaires d'être obligés de faire intervenir une foule de forces : où a-t-il vu cela ? Les auteurs qu'il cite fréquemment, MM. Lamé, Briot, de Colnet-d'Huart, n'arrivent-ils pas à rendre très-probable l'explication de tous les phénomènes physiques, élasticité, lumière, chaleur, magnétisme, électricité, cristallisation, par une seule cause : les vibrations des milieux et de l'éther environnant, sous l'influence d'une force moléculaire intrinsèque ? Les expériences de M. Ath. Dupré ne conduisent-elles pas, ainsi que nous l'avons dit précédemment, à faire reconnaître, dans cette force moléculaire intrinsèque, trois termes : le terme astronomique, le terme physique et le terme chimique ? Ce n'est pas là une infinité, ni même un grand nombre de forces. Le P. Secchi prétend qu'il faudrait supposer les atomes doués d'une certaine intelligence : c'est une mauvaise plaisanterie. Le vent printanier, qui souffle sur la forêt, enlève aux arbres mâles le pollen des étamines et le transporte sur les stigmates des arbres femelles. Irons-nous, imitant le P. Secchi, demander aux botanistes pourquoi les

ovaires des saules ne se laissent féconder que par le pollen des saules ?
pourquoi les ovaires des peupliers ne se laissent féconder que par le
pollen des peupliers? En conclurons-nous que nécessairement les stigmates ont l'intelligence de reconnaître le pollen de leurs congénères
parmi tous ceux que leur apporte la brise et de repousser les autres?
On est parvenu à transfuser, en dehors du contact de l'air, le sang d'un
animal dans les veines d'un autre animal; l'opération réussit quand
les animaux sont de même espèce; elle est généralement mortelle dans
le cas contraire : faut-il supposer une intelligence aux veines? Mon
Dieu, non! pas plus qu'aux fleurs! Quand les dimensions, la viscosité,
les proportions, en un mot, d'un pollen ne correspondent pas aux dimensions des cellules du pistil, ce pollen ne pénètre pas dans le tissu
du pistil et la fécondation n'a pas lieu; ou, s'il y pénètre, il n'a pas la
force nécessaire pour déterminer le travail de la fécondation; de même,
des globules de sang trop gros obstrueront les passages capillaires des
veines et arrêteront la circulation. Il n'y a dans tout ceci aucun acte
d'intelligence (*voyez* le tome LXI des *Comptes rendus*, p. 693). De même,
si vous mettez trois corps en présence et dans les conditions de distance entre les molécules telles, que l'action moléculaire se développe,
ces corps se combinent si leurs actions mutuelles ne sont pas trop différentes; mais si l'action mutuelle de deux des corps l'emporte sur
celles du troisième par rapport à ces deux-là, ils s'uniront en repous-
sant le troisième, uniquement parce que ce dernier n'a pas assez
d'énergie pour se maintenir entre eux. C'est une simple affaire de mécanique. Les phénomènes de l'électricité, du magnétisme, etc., ne diffèrent évidemment d'un corps à l'autre que par des valeurs de constantes.

Cette force, demande le P. Secchi, quelle chose est-ce? Nous n'en
savons rien, nous l'avouons; mais, outre que nous n'avons pas la prétention de tout savoir, nous affirmons que le système du P. Secchi est également obscur. En effet, qu'il veuille bien, à son tour, nous expliquer
pourquoi telle molécule a besoin, pour avoir une certaine vitesse, de
telle quantité de mouvement et non pas de telle autre? Vous demandez:
Pourquoi l'attraction ne s'épuise-t-elle pas? Dites-nous donc pourquoi
l'élasticité ne s'épuise pas, si vous admettez des molécules plus ou
moins élastiques; ou pourquoi les molécules ne se déforment jamais, si

vous admettez des molécules dures? Vos hypothèses ne sont pas des faits d'expérience, comme l'attraction, puisque, dans les corps que nous voyons, il y a sans cesse usure et déformation, tandis que nous, nous constatons les effets de l'attraction. Et, pour les partisans de l'idée ancienne : « Atomes inétendus doués d'attributs », supposer l'épuisement des attributs serait supposer l'anéantissement de la matière, contre lequel proteste toute la science moderne.

Donc, dans cette argumentation, rien de sérieux ou qu'on ne puisse rétorquer contre les adversaires des forces intrinsèques; nous montrerons, en revanche ci-après, l'impuissance des forces extrinsèques à expliquer le monde physique. Finissons-en d'abord avec les objections.

Le P. Secchi prouve avec un grand luxe de détails (p. 449 et 450) que *le cas de deux molécules isolées opérant l'une sur l'autre dans un vide absolu est une pure fiction géométrique.* La vérité, personne ne le conteste, est que la gravité n'a, comme il le dit, été constatée jusqu'à présent qu'entre des corps assez grands, et qu'on n'en a déduit la loi pour les molécules mêmes que par une abstraction et le calcul, sans pouvoir l'expérimenter sur les molécules mêmes. Mais la déduction n'en est pas moins logique et rigoureuse, ce qu'on ne peut pas affirmer de la théorie des tourbillons du P. Secchi, consistant en une série d'assertions hasardées, ainsi qu'on en pourra juger par l'échantillon étendu que nous en donnerons dans l'instant. Ce qui rend curieux le reproche que nous citons, c'est qu'il convient de point en point à la théorie des tourbillons; l'auteur le reconnaît lui-même (p. 458) :

« *Tali movimenti nell'etere non possono certamente vedersi, nè se ne*
» *puo da senno domandar prova sensibile. Nè essi nè le vibrazioni lumi-*
» *nose possono avere altra prova che quella dedotta dai fatti per raziocí-*
» *nio : l'analogia ci guida in questa materia, come quella tra il suono e*
» *la luce guidò i primi autori del vero sistema di propagazione di questa,*
» *e solo qui è mutato il soggetto.* »

C'est-à-dire :

« De tels mouvements dans l'éther ne peuvent pas certainement se
» voir, et on ne peut pas sérieusement nous en demander une preuve
» sensible. Ni eux, ni les vibrations lumineuses ne peuvent avoir
» d'autre preuve que celle déduite des faits par le raisonnement; l'ana-

> logie guide ici dans cette matière, comme celle entre le son et la lu-
> mière guida les premiers auteurs du vrai système de propagation de
> la lumière; et le sujet seul est changé ici. »

Cette réserve est fort sage, et nous n'objecterons pas au système des
tourbillons, qu'on n'en peut pas donner une preuve sensible; mais il est
de simple justice d'en agir de même avec l'attraction.

3. Nous avons vu les objections du P. Secchi; voyons son système
d'explication. Nous en traduisons mot à mot la partie capitale (p. 451
et suiv.) :

« Nous supposerons ce milieu (l'éther dans lequel sont plongés tous
les corps) composé d'atomes isolés indépendants, privés d'une force intérieure quelconque, telle qu'élasticité, répulsion, etc., et seulement
impénétrables et capables de mouvement; outre ces propriétés générales, on peut imaginer deux hypothèses sur leur état : 1° qu'ils soient
dans un repos absolu et privés d'un mouvement rotatoire; 2° qu'ils
soient doués d'un mouvement de rotation et de translation, ou au moins
d'un mouvement de rotation. Examinons cependant ce qui doit arriver
dans un tel milieu par un choc produit par une cause quelconque, laquelle peut être une molécule, ou un atome même du milieu doué d'une
très-grande impulsion.

» Dans la première hypothèse, où les éléments du milieu sont en
repos et privés de force d'élasticité, il est manifeste que la communica-
tion du mouvement se fera suivant la loi des corps *durs*, c'est-à-dire
qu'il se produira une translation simultanée de la masse heurtante et
de la masse heurtée qui s'étendra jusqu'à l'extrême limite du milieu,
sans autre effet qu'un déplacement d'une partie de la masse dans une
certaine direction. Si l'on voulait, en dehors de cela, que de tels atomes
fussent doués d'élasticité, mais sans rotation, l'effet se réduirait à une
vibration et rien de plus.

» Supposons maintenant, comme dans la seconde hypothèse, les éléments du milieu doués d'un mouvement rotatoire. Dans ce cas, le choc
ne produira pas un mouvement de translation suivant une droite, mais
un mouvement réparti dans une sphère environnant le corps choquant.
Enfin, le choc se faisant généralement en dehors du pôle de rotation

et obliquement à l'axe, la composition du mouvement de rotation avec celui de translation dans l'atome choquant engendrera une résultante oblique, et son centre de gravité sera réfléchi de l'atome choquant directement sur un autre voisin, et de là au plus proche, comme il arriverait d'un corps élastique au milieu d'autres parfaitement élastiques. Par suite, on pourra, suivant les incidences, avoir des mouvements de *réflexion* qui équivaudront à l'élasticité, et d'autres de *progression* avec lesquels les atomes continueront leur chemin et dilateront le milieu, et, en outre, des mouvements de *conversion* positive ou négative, selon que la rotation continuera dans le même sens ou sera renversée. Ainsi, par de tels chocs, le centre de l'atome pourra retourner en arrière ou être précipité en avant et changer de direction avec augmentation ou diminution de vitesse. La conséquence sera que les atomes seront mis tour à tour en mouvement, et on aura ainsi une dilatation et un déplacement tels, qu'on verra ainsi les atomes éloignés du centre de percussion, non pas en ligne droite, mais dans un espace d'une certaine étendue, que nous nommerons *sphère d'action*. »

Le P. Secchi, continuant son roman, avance que les molécules des corps sont des petits mondes avec leurs atmosphères formant des tourbillons; que ces tourbillons à leur tour peuvent se grouper en systèmes de tourbillons ayant le même mouvement à l'extérieur et formant les molécules composées, etc., etc. Son argumentation est partout de la même force; c'est ce qu'il appelle des *conjectures hardies :* « In alcun punti certe congetture saranno giudicate forse un poco ardite, ma come cio è ben diverso dall'essere false o proposte senza fondamento, quindi spero che il lettore leale prima di rigettarle vorrà esaminarle; ma essendo congetture io le do per quello che sono (p. vii). » Ce sont effectivement des conjectures, et rien de plus : on peut bien, il est vrai, s'étonner de voir l'auteur avancer que, si deux atomes se rencontrent, il y aura une translation simultanée de la masse heurtante et de la masse heurtée, et qu'il n'y a pas de mouvement de rotation; car ils doivent évidemment se séparer si les mouvements avant le choc peuvent être décomposés en un mouvement normal à la surface au point de contact et un mouvement tangentiel différent dans chacun des corps; mais ici l'erreur du P. Secchi remonte tout entière à Poinsot, qui s'est trompé d'un bout à l'autre dans son travail *sur la percussion des corps durs,*

2

lequel sert de base aux théories de *l'Unità delle forze fisiche*, ainsi que l'auteur le dit lui-même en divers endroits. Il est vrai que le P. Secchi attribue au choc de deux molécules égales les résultats que Poinsot a obtenus pour le choc d'un corps mobile contre un obstacle inébranlable; mais le P. Secchi n'aurait pas commis cette méprise que ses conclusions n'en seraient pas moins erronées, et nous ne devons pas nous arrêter à de semblables chicanes. Nous prouverons que si les dernières particules des corps sont dures, toutes les vitesses dont on peut les supposer animées à l'origine, autres que celles du mouvement général du centre de gravité du système, seront détruites dans un temps relativement très-court; qu'il en sera de même pour les molécules en partie élastiques; que l'élasticité entraîne une dissociation indéfinie et rapide de tous les corps, quand il n'y a pas de force intrinsèque pour rétablir l'équilibre; qu'en conséquence on ne peut, dans aucun cas, expliquer les lois actuelles de la matière par des mouvements imprimés à l'origine des temps, se transformant ou s'échangeant par une suite de chocs successifs. En un mot, le système du P. Secchi et tous les systèmes analogues, où l'on veut expliquer la nature par des chocs de molécules et une vitesse imprimée à l'origine des temps, sont *impossibles.* Cette argumentation, basée sur les principes fondamentaux de la Mécanique, l'emportera, nous le pensons, sur les opinions et les appréciations de certains savants, quel que puisse être d'ailleurs leur incontestable mérite d'observateurs. Passons à l'examen du Mémoire de Poinsot sur la percussion des corps.

4. Poinsot a entrepris d'écrire la théorie de la percussion des corps vers l'âge de quatre-vingts ans, époque de la vie où les plus fortes intelligences fléchissent, à de bien rares exceptions près. Aussi l'a-t-il laissée inachevée, quoiqu'il eût promis, lors de la publication de la première partie en 1857 (*Journal de Mathématiques* de M. Liouville, 2ᵉ série, t. II, p. 281), d'en donner prochainement la suite. En 1858, il n'a rien fait paraître, et les trois courts Mémoires publiés en 1859 (*Journal* déjà cité, t. IV, p. 161, 171 et 421) ne sont, les deux premiers, que des éclaircissements sur le travail de 1857, et le dernier, que l'exposition analytique et très-brève de l'idée mère de sa théorie. Ce dernier écrit précède immédiatement deux discours prononcés sur la tombe de l'illustre savant, dans le premier desquels M. Bertrand dit qu'il est mort à

l'âge de quatre-vingt-trois ans. Ces dates nous apprennent beaucoup :
on conçoit les défaillances qu'a dû éprouver cet esprit jadis si lucide,
dans les conditions où il développait une théorie qu'il croyait nouvelle ; car elle n'avait jamais été abordée qu'imparfaitement, comme il
le dit lui-même, sous les dénominations qu'il emploie ; et il ne semble
pas se douter qu'elle avait, sauf les développements géométriques, été
exposée assez complétement par Poisson sous le titre impropre de choc
des corps *mous*. Il n'y a pas, en effet, de différence analytique entre le
corps *dur* de Poinsot et le corps *mou* de Poisson, où la durée du choc
est négligeable par suite de son extrême brièveté, où la déformation
du corps est assez petite pour ne pas changer la surface extérieure du
corps et pour que la portion de force qui y est employée soit insensible, où le corps choqué n'exerce aucune réaction sur le corps choquant. Remplacez les mots *négligeable, assez petite, insensible* par le
mot *nulle*, sans rien changer, du reste, aux calculs que cette substitution de mots n'affecte en aucune manière, et vous aurez la théorie du
choc des corps durs. Il faut toutefois extraire de cette exposition ce que
Poisson dit du frottement. Poinsot n'a pas vu la réalité sous les mots
qui la voilaient.

Bien qu'une première lecture du Mémoire de 1857 (le seul publié à
part, à en juger du moins par le Catalogue de la maison Gauthier-
Villars), montre les habitudes de clarté et de méthode de l'auteur, on
voit, en y réfléchissant, que ce travail a plus que le tort d'être resté
inachevé. Il présente des inadvertances considérables, non-seulement
en ce qu'il renferme une faute de calcul, sans grande conséquence à la
vérité pour la théorie, mais encore dans la manière dont sont posées
les questions. Aussi Poinsot arrive à des conclusions étranges qui l'eussent révolté quand il jouissait de la plénitude de ses facultés. Je citerai,
comme une des plus fortes, le théorème suivant (*Journal de Mathématiques*, 2ᵉ série, t. II, p. 305) :

« 41..... *Quand le corps n'a qu'un simple mouvement de translation
dans l'espace, il ne peut y avoir aucun point par lequel le corps puisse être
réfléchi.* En quelque lieu qu'on présente l'obstacle, le centre de gravité
du corps poursuit sa route dans le même sens qu'auparavant, et toujours
avec une vitesse moindre. »

2.

Et l'obstacle inébranlable, car il s'agit d'un obstacle inébranlable, que devient-il quand le corps continue sa route dans la même direction qu'avant le choc ?. C'est ce théorème absurde qu'invoque le P. Secchi dans la citation que nous avons faite au commencement de l'article **3**.

La faute de calcul existe dans le même Mémoire, p. 3o6. Lorsqu'on remplace h par $\dfrac{K^2}{a}$, l'inégalité

$$h^2 - 8K^2 > o$$

devient .

$$K^2 - 8a^2 > o, \quad a < \frac{K}{2\sqrt{2}},$$

et non

$$a < 2K\sqrt{2},$$

comme le prétend Poinsot.

Nous ne relèverons pas une à une les erreurs qui entachent presque tous les résultats de Poinsot; nous nous contenterons de signaler la méprise capitale d'où elles dérivent toutes. Poinsot a complétement méconnu le rôle de la forme extérieure du corps dans le phénomène du choc. Il l'a cru renfermé tout entier dans la grandeur et la direction des axes d'inertie, tandis que la forme agit encore par la direction de la normale commune au point de contact. S'il est un axiome évident et incontestable en Mécanique, c'est qu'un obstacle détruit seulement les actions dont il rend l'essor impossible et nullement celles qu'il ne gêne en rien; par suite, deux corps qui se rencontrent ne réagissent l'un sur l'autre que par leurs efforts estimés suivant la normale commune menée par le point de contact (*). Poinsot n'a pas aperçu cette conséquence reconnue cependant partout depuis longtemps; on peut le voir d'un bout à l'autre de son Mémoire. Nous nous bornerons à citer, à l'appui de notre assertion, la solution du problème général donnée à la page 422 du tome IV du *Journal de Mathématiques* (2ᵉ série); la voici :

« Désignons par Q la percussion qui se fera sentir au point fixe; il est évident que si, au moment du choc, on appliquait au corps une force — Q parfaitement égale et contraire à Q, le point du corps qui

---

(*) Bien entendu qu'on écarte ici la considération du phénomène physique du frottement.

est en C (le point de contact des corps choquant et choqué) aurait tout
à coup une vitesse nulle, ou tomberait en repos à l'instant que l'on
considère.

» Pour obtenir les équations du problème, il suffit donc d'exprimer
que, de l'ensemble des forces *données* et de la force inconnue — Q,
qu'on suppose appliquée en C, il ne doit résulter pour ce point particulier C du corps qu'une vitesse nulle; et cette seule condition étant développée, donnera tout ce qui est nécessaire pour déterminer la *grandeur*, la *direction* et le *sens* de la percussion cherchée Q. »

On le voit, Poinsot suppose à tort que la vitesse du point C doit être
nulle après le choc, tandis que la composante normale de cette vitesse
est seule annulée. Pour faire sentir combien est fausse l'idée de Poinsot,
il suffit de faire observer qu'il trouverait un choc, alors même qu'à l'origine du choc les vitesses dont seraient animés les deux points C (celui
du corps choquant et celui du corps choqué) seraient situées l'une et
l'autre tout entières dans le plan de contact; et pourtant évidemment
alors les deux corps ne réagiraient point l'un sur l'autre, car ils ne gè-
neraient en rien leurs mouvements respectifs.

5. Nous n'avons vu nulle part, dans les écrits que nous avons pu
lire des adversaires des forces intrinsèques, la croyance d'un agent extérieur occupé sans cesse à rendre aux parcelles de la matière le mouvement que le choc leur enlève, ce qui serait d'ailleurs une argutie de
mots; car cet agent extérieur remplirait absolument, quant aux résultats, les mêmes fonctions que des forces intrinsèques; nous avons vu
toujours, au contraire, la croyance fausse que des mouvements imprimés à l'origine des temps pouvaient se perpétuer indéfiniment sans déperdition sensible, malgré des chocs infiniment multipliés, s'échanger
et se transformer grâce à ces chocs, enfin arriver à produire ainsi tous
les mouvements que nous voyons et qui constituent le monde physique.
C'est donc cette croyance que nous avons à combattre; commençons
avant tout par bien établir les bases de la discussion.

I. Les géomètres ont défini les corps des *portions limitées de l'espace;* et cette définition suffit aux théories géométriques. Mais le plus
simple coup d'œil jeté sur ce qui nous entoure nous en montre l'insuf-
fisance dès qu'on veut l'appliquer aux corps matériels, puisque ceux-ci

diffèrent entre eux par diverses propriétés tout à fait indépendantes de leur surface-limite, telles que la couleur, l'odeur, le mouvement, etc., et qu'on peut concevoir leurs formes complétement indépendantes des propriétés dont il s'agit. Un corps matériel est donc un corps géométrique doué de propriétés particulières, indépendantes de sa forme, au moins dans certaines limites très-étendues, et qui lui sont inhérentes; nous pouvons qualifier d'*attributs* ces propriétés.

II. Tout corps matériel suffisamment grand peut être divisé en portions excessivement ténues, conservant les attributs du corps même. Néanmoins, tout nous montre, ne serait-ce que l'existence incontestable de lacunes ou *pores* dans le corps matériel, que cette division ne peut pas être poussée au delà d'une certaine limite, excessivement petite à la vérité; d'où la définition de la molécule, qui est *la plus petite partie en laquelle on puisse diviser le corps sans en altérer les propriétés caractéristiques.*

III. Mais nous voyons tous les jours des corps se former par la réunion d'autres corps sous certaines conditions. L'eau est un composé d'hydrogène et d'oxygène, l'acide sulfurique un composé de soufre et d'oxygène, etc. Il s'ensuit que la molécule du corps est composée des mêmes éléments que celui-ci, puisqu'elle en partage les propriétés; donc elle est décomposable en particules ayant des propriétés différentes. Ce dernier et extrême résultat de la division du corps, au delà duquel on ne peut plus rien partager, et qui est concevable par la pensée seulement, constitue ce qu'on appelle l'*atome.*

Ces deux définitions sont admises aujourd'hui de tous; mais l'accord cesse lorsqu'il s'agit de caractériser la nature de l'atome. Pour les uns, partisans des idées scolastiques et de Saint-Thomas d'Aquin, l'*atome est un point mathématique doué d'un ou plusieurs attributs;* pour les autres, partisans plus ou moins avoués des idées cartésiennes, et ne concevant pas la matière indépendamment de l'étendue, l'*atome est un corpuscule de dimensions extrêmement petites, mais assignables, doué, soit d'attributs, soit d'un mouvement.* Ceux qui admettent les attributs se rapprochent en cela des auteurs scolastiques; les autres, effrayés de l'idée d'attributs, qu'ils qualifient de *causes occultes et mystiques,* n'admettent de particulier dans l'atome que la faculté d'éprouver des mouvements sous l'influence de causes *extrinsèques*, c'est-à-dire qui lui sont étrangères et lui viennent du dehors. C'est ainsi qu'une nouvelle école prétend tout expliquer par des transmissions et des échanges de mouvement d'atome à atome.

IV. Dès que l'homme a comparé les corps inanimés aux êtres animés, il a constaté entre eux une grande différence; c'est, dans la matière, l'absence absolue de tout mouvement dénotant une volonté; abandonnée à elle-même, la matière obéit à des lois fixes; vient-elle à subir l'effet de causes étrangères, elle ne réagit sur celles-ci que par les tendances qu'elle possédait avant. Cette passivité, cette absence de spontanéité, en dehors de lois immuables et peu nombreuses, ont été exprimées par le mot d'*inertie*. En fait, l'idée d'inertie revient à ceci : *que la matière a seulement un petit nombre de propriétés particulières, et qu'elle réagit par elles seules sur les causes extérieures dont elle vient à subir l'influence*. Énoncée en ces termes, qui en sont l'expression exacte, la définition de l'inertie ressemble beaucoup aux vérités de feu de la Palisse; ce n'est pas une propriété réelle.

On donne encore aujourd'hui le nom d'inertie à une chose toute différente, à une conception idéale qu'on interpose entre la force qui agit sur un corps et ce corps même, conception qualifiée du nom de *force d'inertie*. M. le général Poncelet, qui en est l'auteur, l'a proposée au début de son *Traité de Mécanique appliquée aux machines*, afin de faciliter les énoncés de ses théorèmes; elle peut être commode pour le discours, mais elle nous paraît de nature à jeter quelques obscurités dans l'esprit des lecteurs, et nous la mentionnons seulement pour mémoire. Elle ne correspond à aucune réalité, et nous ne nous en occuperons pas.

V. Les traités élémentaires de physique mentionnent l'impénétrabilité au nombre des propriétés fondamentales de la matière. Cette impénétrabilité revient, en dernière analyse, à ceci : *que deux atomes distincts ne peuvent pas occuper simultanément la même place*. C'est un fait d'observation, et c'est aussi, ainsi que nous l'établirons plus tard, une conséquence rigoureuse et nécessaire des principes fondamentaux de la Mécanique.

6. Supposons maintenant un instant que tous les phénomènes du monde physique sont la conséquence d'un mouvement imprimé une fois pour toutes à l'origine des temps, et qu'une suite de chocs successifs transmet d'atome à atome en le transformant de différentes manières ; que les atomes soient des points mathématiques ou des corpuscules extrêmement petits, mais de dimensions assignables, nous pouvons représenter par X, Y, Z les composantes, parallèlement à trois axes rectangulaires, de la vitesse dont est animé chaque atome inétendu, ou chaque élément de l'atome étendu. Nous pouvons supposer, en outre, nul le mouvement du centre de gravité du monde ; car, s'il ne l'était pas, il suffirait de remplacer X, Y, Z par des quantités égales X' + X'', Y' + Y'', Z' + Z'' dans lesquelles X', Y', Z' seraient les vitesses du centre de gravité, et X'', Y'', Z'' les vitesses relatives. Or, d'après des théorèmes bien connus, les équations d'équilibre entre les vitesses relatives sont les mêmes qu'entre les vitesses totales, c'est-à-dire ont la même forme. Soit donc μ la masse de l'élément; on aura les six équations suivantes :

(A) $\qquad S\mu X = 0, \quad S\mu Y = 0, \quad S\mu Z = 0,$

(B) $\qquad S\mu(Xy - Yx) = 0, \quad S\mu(Yz - Zy) = 0, \quad S\mu(Zx - Xz) = 0.$

Ces équations montrent qu'il y a nécessairement des vitesses en sens contraire, ce qui n'écarte pas la possibilité des chocs, au contraire; mais elles ne prouvent pas du tout la persistance indéfinie du mouvement primitif; car elles peuvent être satisfaites par le système

$$X = 0, \quad Y = 0, \quad Z = 0,$$

aussi bien que par tout autre système de valeurs réelles de ces quantités.

Admettons pour un moment que les atomes soient inétendus, quoique cette hypothèse ne se concilie guère avec l'idée de chocs, et qu'ils ne soient point parfaitement élastiques; ils sont alors soumis à une loi découverte par Carnot et donnée souvent sous son nom, savoir : que *tout choc entraîne une perte de forces vives*. Donc, après un choc quelconque de deux molécules, la somme de leurs forces vives est plus petite qu'avant. Donc tout choc entraîne une diminution de la force vive totale imprimée à l'origine des temps. Or, si l'on réfléchit qu'il y a six cents trillions de vibrations lumineuses de durée moyenne par seconde

(*Traité d'Optique physique* de M. F. BILLET, t. 1, p. 47), que chacune de ces vibrations exige au moins quatre chocs pour former un circuit fermé, que dès lors, pour une molécule considérée avec celles qui les rencontrent, il y a au moins 2400 trillions de déperditions de forces vives par seconde, qu'il y en a ensuite énormément plus pour toutes les autres vibrations qu'il faut supposer en même temps pour expliquer les phénomènes physiques par des chocs et des mouvements imprimés à l'origine des temps, on conçoit, quelque grande qu'on suppose la vitesse initiale, qu'elle soit bientôt détruite; en tout cas, il y aurait en peu de secondes des diminutions assez grandes pour qu'il en résultât des changements physiques sensibles, ce qui n'est pas. Donc il est impossible d'attribuer les phénomènes matériels à des atomes inétendus, durs ou imparfaitement élastiques, et se transmettant par des chocs les mouvements dont ils ont été doués à l'origine des temps.

Le théorème de Carnot cesse d'avoir lieu pour les points matériels parfaitement élastiques; ici, au contraire, le principe de la conservation des forces vives a lieu. Mais considérons une molécule située à la limite d'un corps plus dense que le corps contigu. Elle vibre, car tout vibre dans la nature, surtout pour ceux qui veulent expliquer les attractions par des vibrations. Évidemment, quand cette molécule tend à rentrer dans le corps plus dense, elle y reçoit des chocs plus violents ou plus fréquents que dans le corps moins dense lorsqu'elle y retourne. Donc le champ de son excursion tend sans cesse à se rétrécir du côté du corps dense, à grandir du côté opposé. En d'autres termes, elle s'éloigne du centre du corps dense et ne prendra une position stable que quand sa vibration rencontrera la même résistance des deux côtés. Pareille chose aura lieu pour la molécule voisine, et ainsi de proche en proche; en d'autres termes, le corps plus dense se dissociera jusqu'à ce qu'il soit également réparti dans le corps moins dense, et cette dissociation sera très-rapide, puisqu'il y a 600 trillions de vibrations par seconde, rien que pour la lumière, et que l'électricité, le calorique et l'attraction qu'on veut expliquer ainsi en supposent encore bien d'autres centaines de trillions. Or, cette dissociation rapide est complétement opposée aux faits d'expérience. Donc un choc entre points matériels élastiques ne peut pas expliquer les phénomènes physiques, puisqu'il conduit à des conséquences entièrement opposées aux faits.

3

Voyons à présent ce qui arrive pour les atomes de dimensions assignables, quoique extrêmement petites. Prenons dans Poisson (*Traité de Mécanique*, 2ᵉ édit., t. II, p. 254 et suivantes) la théorie du choc des corps mous, qui est en même temps, ainsi que nous l'avons déjà fait remarquer, la théorie des corps durs. Considérons deux corps de masses M et M', dont les centres de gravité sont G et G'. Choisissons, à l'instar de Poisson, un système d'axes rectangulaires particulier pour chacun d'eux, et qui sera formé des trois axes d'inertie principaux du corps correspondant. Appelons u, v, w les trois composantes de la vitesse du centre de gravité G; ω la vitesse angulaire de ce corps autour de l'axe instantané de rotation; p, q, r les trois composantes de cette vitesse autour des axes principaux d'inertie, en sorte que nous ayons

$$(\text{C}) \qquad \omega^2 = p^2 + q^2 + r^2.$$

Cela étant, si x, y, z sont les trois coordonnées d'un point quelconque de M, rapportées aux axes principaux d'inertie, les composantes de sa vitesse, parallèles à ces axes, et provenant de la rotation, seront

$$qz - ry, \quad rx - pz, \quad py - qx;$$

par conséquent, la vitesse du point aura pour composantes totales

$$(\text{D}) \qquad u + qz - ry, \quad v + rx - pz, \quad w + py - qx.$$

Désignons les vitesses que le corps prend après le choc par $u + \Delta u$, $v + \Delta v, w + \Delta w, p + \Delta p$, etc.; les vitesses du point considéré seront, après le choc,

$$(\text{E}) \quad \begin{cases} u + \Delta u + (q + \Delta q)z - (r + \Delta r)y, \\ v + \Delta v + (r + \Delta r)x - (p + \Delta p)z, \\ w + \Delta w + (p + \Delta p)y - (q + \Delta q)x; \end{cases}$$

car le choc étant instantané, le point n'aura pas changé de position pendant sa durée. Pour le même motif, les composantes auront les mêmes directions avant et après le choc; et les composantes des forces perdues par l'élément dm, dont le centre a pour coordonnées $x, y, z,$

seront les différences des expressions (E) et (D), c'est-à-dire :

$$(F) \quad \begin{cases} (\Delta u + z\Delta q - y\Delta r)dm, \\ (\Delta v + x\Delta r - z\Delta p)dm, \\ (\Delta w + y\Delta p - x\Delta q)dm. \end{cases}$$

Soit N la force normale transmise par le corps G au corps G'. Ses angles avec les axes d'inertie de G sont donnés dès que le point de contact est connu, puisqu'ils sont ceux de la normale en ce point. Désignons par a, b, c les trois coordonnées du point de contact rapportées aux axes principaux de G, et par α, β, γ les angles respectifs de la normale avec ces axes; les six équations d'équilibre des quantités de mouvement perdues par le corps M dont le centre de gravité est G seront (*Traité de Mécanique*, t. II, p. 258 et 259) :

$$(H) \quad \begin{cases} N\cos\alpha + M\Delta u = 0, \quad N\cos\beta + M\Delta v = 0, \quad N\cos\gamma + M\Delta w = 0; \\ N(a\cos\beta - b\cos\alpha) + C\Delta r = 0, \\ N(b\cos\gamma - c\cos\beta) + A\Delta p = 0, \\ N(c\cos\alpha - a\cos\gamma) + B\Delta q = 0. \end{cases}$$

Ces équations diffèrent de celles de Poisson par la notation que nous avons adoptée pour les accroissements de vitesse, et A, B, C sont les trois moments d'inertie principaux donnés par les relations

$$A = \iiint (y^2 + z^2)dm, \quad B = \iiint (z^2 + x^2)dm, \quad C = \iiint (x^2 + y^2)dm.$$

Supposons qu'on prenne, dans le corps G', le système de coordonnées correspondant avec le point de contact du côté des x, y, z positifs, comme on l'a fait pour G, mais en les affectant d'un accent; nous aurons de même

$$(I) \quad \begin{cases} N\cos\alpha' + M'\Delta u' = 0, \quad N\cos\beta' + M'\Delta v' = 0, \quad N\cos\gamma' + M'\Delta w' = 0; \\ N(a'\cos\beta' - b'\cos\alpha') + C'\Delta r' = 0, \\ N(b'\cos\gamma' - c'\cos\beta') + A'\Delta p' = 0, \\ N(c'\cos\alpha' - a'\cos\gamma') + B'\Delta q' = 0. \end{cases}$$

Enfin écrivons que la vitesse normale après le choc est la même des deux côtés du point de contact. En tant qu'appartenant au corps G,

3.

les composantes de la vitesse de ce point après le choc se déduisent des formules (E), en y remplaçant respectivement x, y, z par a, b, c; ce sont

$$u + \Delta u + (q + \Delta q)c - (r + \Delta r)b,$$
$$v + \Delta v + (r + \Delta r)a - (p + \Delta p)c,$$
$$w + \Delta w + (p + \Delta p)b - (q + \Delta q)a;$$

en tant qu'appartenant au corps G', elles seront

$$u' + \Delta u' + (q' + \Delta q')c' - (r' + \Delta r')b',$$
$$v' + \Delta v' + (r' + \Delta r')a' - (p' + \Delta p')c',$$
$$w' + \Delta w' + (p' + \Delta p')b' - (q' + \Delta q')a';$$

mais elles sont prises en sens contraire des précédentes, puisque le point de contact est pris, dans chaque corps, pour le côté des ordonnées positives. Si donc on veut établir que les deux vitesses sont égales, il faut établir que la somme des composantes précédentes projetées sur la normale est égale à zéro. On a donc la relation

$$(K) \quad \begin{cases} [\, u + \Delta u + (q + \Delta q)c - (r + \Delta r)b\,]\cos\alpha \\ + [\, v + \Delta v + (r + \Delta r)a - (p + \Delta p)c\,]\cos\beta \\ + [\, w + \Delta w + (p + \Delta p)b - (q + \Delta q)a\,]\cos\gamma \\ + [\, u' + \Delta u' + (q' + \Delta q')c' - (r' + \Delta r')b'\,]\cos\alpha' \\ + [\, v' + \Delta v' + (r' + \Delta r')a' - (p' + \Delta p')c'\,]\cos\beta' \\ + [\, w' + \Delta w' + (p' + \Delta p')b' - (q' + \Delta q')a'\,]\cos\gamma' = 0. \end{cases}$$

En combinant cette équation avec les relations (H) et (1), et posant, pour abréger,

$$(L) \quad \begin{cases} D = \dfrac{1}{M} + \dfrac{(b\cos\gamma - c\cos\beta)^2}{A} + \dfrac{(c\cos\alpha - a\cos\gamma)^2}{B} + \dfrac{(a\cos\beta - b\cos\alpha)^2}{C} \\ + \dfrac{1}{M'} + \dfrac{(b'\cos\gamma' - c'\cos\beta')^2}{A'} + \dfrac{(c'\cos\alpha' - a'\cos\gamma')^2}{B'} + \dfrac{(a'\cos\beta' - b'\cos\alpha')^2}{C'}, \end{cases}$$

$$(M) \quad \begin{cases} V = (u + qc - rb)\cos\alpha \\ \qquad + (v + ra - pc)\cos\beta + (w + pb - qa)\cos\gamma, \\ -V' = (u' + q'c' - r'b')\cos\alpha' \\ \qquad + (v' + r'a' - p'c')\cos\beta' + (w' + p'b' - q'a')\cos\gamma', \end{cases}$$

nous rappelant en outre les relations connues,

$$\cos^2\alpha + \cos^2\beta + \cos^2\gamma = 1, \quad \cos^2\alpha' + \cos^2\beta' + \cos^2\gamma' = 1,$$

nous verrons facilement que l'équation précédente se réduit à

$$(\mathrm{N}) \qquad \mathrm{V} - \mathrm{V}' = \mathrm{ND}, \quad \mathrm{N} = \frac{\mathrm{V} - \mathrm{V}'}{\mathrm{D}};$$

V et V' représentent visiblement les composantes normales des vitesses, avant le choc, des points en contact comptées dans le même sens; de plus, d'après la composition même de (L), D est toujours positif et ne peut jamais être nul. Les vitesses des centres de gravité après le choc seront donc: pour le corps G,

$$(\mathrm{N}') \quad u - \frac{(\mathrm{V} - \mathrm{V}')\cos\alpha}{\mathrm{MD}}, \quad v - \frac{(\mathrm{V} - \mathrm{V}')\cos\beta}{\mathrm{MD}}, \quad w - \frac{(\mathrm{V} - \mathrm{V}')\cos\gamma}{\mathrm{MD}},$$

et pour le corps G',

$$(\mathrm{N}'') \quad u' - \frac{(\mathrm{V} - \mathrm{V}')\cos\alpha'}{\mathrm{M'D}}, \quad v' - \frac{(\mathrm{V} - \mathrm{V}')\cos\beta'}{\mathrm{M'D}}, \quad w' - \frac{(\mathrm{V} - \mathrm{V}')\cos\gamma'}{\mathrm{M'D}};$$

les composantes des rotations autour des axes principaux d'inertie seront: pour le corps G,

$$(\mathrm{N}''') \quad \begin{cases} p - \dfrac{(\mathrm{V} - \mathrm{V}')(b\cos\gamma - c\cos\beta)}{\mathrm{AD}}, \\[2mm] q - \dfrac{(\mathrm{V} - \mathrm{V}')(c\cos\alpha - a\cos\gamma)}{\mathrm{BD}}, \\[2mm] r - \dfrac{(\mathrm{V} - \mathrm{V}')(a\cos\beta - b\cos\alpha)}{\mathrm{CD}}; \end{cases}$$

et pour le corps G',

$$(\mathrm{N}^{\mathrm{iv}}) \quad \begin{cases} p' - \dfrac{(\mathrm{V} - \mathrm{V}')(b'\cos\gamma' - c'\cos\beta')}{\mathrm{A'D}}, \\[2mm] q' - \dfrac{(\mathrm{V} - \mathrm{V}')(c'\cos\alpha' - a'\cos\gamma')}{\mathrm{B'D}}, \\[2mm] r' - \dfrac{(\mathrm{V} - \mathrm{V}')(a'\cos\beta' - b'\cos\alpha')}{\mathrm{C'D}}. \end{cases}$$

Nous pouvons dès à présent calculer la somme des forces vives de tous les éléments de deux molécules avant et après le choc. Avant le choc, elle sera, ainsi qu'il est facile de le voir au moyen des formules précédentes :

$$(P) \quad \begin{cases} \iiint [(u + qz - ry)^2 + (v + rx - pz)^2 + (w + py - qx)^2] dm \\ + \iiint [(u' + q'z' - r'y')^2 + (v' + r'x' - p'z')^2 + (w' + p'y' - q'x')^2] dm'. \end{cases}$$

Après le choc, on trouvera

$$(Q) \begin{cases} \iiint \left\{ \left[u + qz - ry - \frac{(V-V')\cos\alpha}{MD} - \frac{(V-V')(c\cos\alpha - a\cos\gamma)}{BD} z + \frac{(V-V')(a\cos\beta - b\cos\alpha)}{CD} y \right]^2 \right. \\ + \left[v + rx - pz - \frac{(V-V')\cos\beta}{MD} - \frac{(V-V')(a\cos\beta - b\cos\alpha)}{CD} x + \frac{(V-V')(b\cos\gamma - c\cos\beta)}{AD} z \right]^2 \\ \left. + \left[w + py - qx - \frac{(V-V')\cos\gamma}{MD} - \frac{(V-V')(b\cos\gamma - c\cos\beta)}{AD} y + \frac{(V-V')(c\cos\alpha - a\cos\gamma)}{BD} x \right]^2 \right\} dm \\ + \iiint \left\{ \left[u' + q'z' - r'y' - \frac{(V-V')\cos\alpha'}{M'D} - \frac{(V-V')(c'\cos\alpha' - a'\cos\gamma')}{B'D} z' + \frac{(V-V')(a'\cos\beta' - b'\cos\alpha')}{C'D} y' \right]^2 \right. \\ + \left[v' + r'x' - p'z' - \frac{(V-V')\cos\beta'}{M'D} - \frac{(V-V')(a'\cos\beta' - b'\cos\alpha')}{C'D} x' + \frac{(V-V')(b'\cos\gamma' - c'\cos\beta')}{A'D} z' \right]^2 \\ \left. + \left[w' + p'y' - q'x' - \frac{(V-V')\cos\gamma'}{M'D} - \frac{(V-V')(b'\cos\gamma' - c'\cos\beta')}{A'D} y' + \frac{(V-V')(c'\cos\alpha' - a'\cos\gamma')}{B'D} x' \right]^2 \right\} dm'. \end{cases}$$

Retranchons (Q) de (P); nous aurons la force vive perdue après le choc. Au moyen de quelques substitutions faciles et inutiles à reproduire ici, nous verrons que cette force vive perdue est égale à

$$(R) \qquad \frac{(V-V')^2}{D},$$

quantité essentiellement positive et toujours > 0, excepté dans le cas de $V = V'$, auquel il n'y a pas de choc. Donc tout choc entre deux molécules de dimensions assignables entraine une diminution de forces vives; et comme il faut toujours admettre au moins 2400 trillions de déperditions de forces vives, par chaque couple de molécules, dans l'intervalle d'une seconde, on arrivera encore, comme pour les atomes inétendus, à cette conséquence, que tout mouvement imprimé à l'origine des temps serait détruit rapidement par une série semblable de chocs, puisque la somme des forces vives y serait bientôt réduite à zéro; ce qui exige la nullité de toutes les vitesses.

7. La même conséquence subsistera pour les atomes de dimensions assignables, et imparfaitement élastiques; elle se vérifie même en partie pour les atomes entièrement élastiques; car il y a généralement déperdition de forces vives dans le choc de deux corps parfaitement élastiques, et il faut des conditions tout à fait particulières pour qu'il n'en soit pas ainsi (*). Si l'on admettait d'ailleurs des conditions telles qu'il y eût toujours égalité de forces vives, on verrait, comme précédemment, que les corps plus denses se dissocieraient avec une extrême rapidité contrairement à toute observation.

Donc, quelle que soit la nature des atomes, des forces imprimées à l'origine des temps combinées avec une série de chocs ne peuvent en aucune manière expliquer les phénomènes du monde physique; il faut des forces agissant constamment, des forces accélératrices en un mot, et ces dernières ne peuvent être qu'intrinsèques. Il y a plus : devant l'énorme déperdition de forces qu'amèneraient les chocs et la grande quantité de mouvement que les forces accélératrices devraient fournir pour réparer ces déperditions, on est conduit à admettre que les phénomènes moléculaires sont dus uniquement aux actions intrinsèques,. et n'amènent pas de chocs; en un mot, le système des savants qui se qualifient de physiciens modernes est en tout le contre-pied de la vérité. Nous n'avons à considérer que des forces intrinsèques, sans chocs, dans l'étude des causes des phénomènes moléculaires.

§ II. — *Forme générale des lois de l'attraction.* — *Principes généraux.*

8. Nous avons démontré, dans le paragraphe précédent, l'impossibilité absolue d'expliquer les phénomènes du monde physique par une impulsion primitive et une série de chocs, ainsi que la nécessité de faire intervenir une force accélératrice propre à chaque molécule, et par conséquent intrinsèque ou tout à fait assimilable à une force intrinsèque.

(*) *Voyez* une Note de M. de Saint-Venant, *Comptes rendus des séances de l'Académie des Sciences*, t. LXIII, p. 1108.

Nous avons prouvé en même temps la grande improbabilité de chocs fréquents entre les molécules; il est douteux dès lors qu'il y en ait jamais. Nous nous bornerons, en conséquence, à étudier le système d'attractions sans chocs.

Nous avons énoncé au n° 5 les diverses conceptions qu'on pouvait se faire de l'atome. Ce peut être : 1° un point géométrique doué d'attributs; 2° un corpuscule excessivement petit, mais de dimensions assignables, doué d'attributs. Si c'est un corpuscule, il peut être dur, c'est-à-dire de formes invariables; ou plus ou moins élastique, c'est-à-dire capable de céder en partie au mouvement d'un autre atome qui viendrait à le toucher, et de reprendre ensuite plus ou moins complétement sa forme première. Qu'il soit dur, ou plus ou moins élastique, sa forme pourrait intervenir dans certains phénomènes où les atomes seraient situés à des distances les uns des autres de même ordre que leurs dimensions. Dans ce cas, même sans chocs, la forme pourrait à son tour éprouver une légère influence de l'effet des attractions si le corps était assez élastique ou mou; ce qui ne parait point probable, car il est évident que des faits qui auraient amené un changement permanent dans les formes des atomes en amèneraient en même temps un dans les propriétés physiques du corps; ce qui constituerait la transmutabilité des corps, qui semble contraire à l'expérience. On est donc conduit à penser que si les atomes ont des dimensions assignables, ils doivent être ou complétement durs ou complétement élastiques. Dans l'un et dans l'autre de ces cas, certains phénomènes peuvent se produire sans que les distances des atomes cessent d'être extrêmement grandes par rapport aux dimensions des atomes, qu'on peut alors considérér, sans erreur sensible, comme des masses concentrées en leurs centres de gravité. Les choses se passeront donc comme si les atomes étaient des points mathématiques doués d'attributs. La molécule a toujours des dimensions; car, à cause de l'impénétrabilité de la matière, les divers atomes constitutifs ne peuvent pas être concentrés en un même point; ils sont à des distances extrêmement petites les uns des autres, mais assignables. Toutefois ces dimensions peuvent être parfois négligeables par rapport aux distances qui séparent les molécules, et alors celles-ci se comportent les unes par rapport aux autres comme si leurs masses étaient concentrées en leurs centres de gravité. C'est le seul cas dont nous abor-

derons l'étude dans le présent travail ; évidemment, il ne comporte rien
de ce qui a trait aux phénomènes chimiques, mais il n'en permet pas
moins de pénétrer quelques-unes des lois fondamentales du monde matériel.

9. On sait comment Newton, dans ses *Principes mathématiques de phi-
losophie naturelle*, arrive à établir la loi de l'attraction universelle ; il
commence par étudier les conséquences, au point de vue du mouvement
planétaire, de l'attraction en raison inverse de la distance et de l'attraction en raison inverse du carré de la distance ; les lois du mouvement
découlant de chacun de ces principes une fois obtenues, il les compare
à celles que Keppler a déduites de l'observation ; et comme ces dernières
sont en accord parfait avec les lois provenant de l'attraction en raison
inverse du carré de la distance, en désaccord complet avec les autres,
il en conclut que la gravitation universelle est en raison inverse du carré
de la distance. Cette marche, très-logique, a l'avantage de renfermer
toutes les recherches spéculatives dans le domaine de la raison pure,
et d'éviter les erreurs auxquelles peut, en fin de compte, entrainer une
série d'approximations où l'on finit quelquefois par ne plus voir net-
tement la grandeur des quantités négligées. Les résultats obtenus par
cette voie satisfont aussi l'esprit mieux que des lois empiriques fondées
sur l'expérience.

Rien ne montre que Newton ait essayé pour les actions moléculaires
la marche qui lui avait si bien réussi pour les phénomènes astronomiques ; il a échoué, s'il l'a fait, parce que l'hypothèse de la continuité
de la matière, qu'il a toujours admise en fait, ne pouvait lui fournir que
des résultats erronés et en désaccord complet avec les véritables, dès
qu'il l'appliquait aux phénomènes moléculaires. Et comme il n'a jamais publié ses premières recherches en quoi que ce soit, et qu'il a
donné ses théorèmes seulement après les avoir revêtus d'une forme
géométrique, on conçoit qu'il ait supprimé des essais avortés.

Nous ignorons si les géomètres qui, postérieurement à Newton, en-
treprirent de tout expliquer par l'attraction universelle, le P. Boscowich
par exemple, ont essayé de reprendre la marche inaugurée dans les
Sections II et III du livre 1er des *Principes;* nous manquons de l'érudition
et des ressources bibliographiques nécessaires pour avoir une opinion

4

personnelle sur ce sujet. Mais s'ils l'ont tenté, ils ont dû également échouer, faute de ressources analytiques suffisantes. C'est ce que nous établirons dans le § V, où nous montrerons un nouveau cas, non remarqué jusqu'à ce jour, dans lequel la formule d'Euler tombe en défaut, et où nous chercherons une expression de l'erreur. Sous cette réserve, nous pouvons reprendre en toute sécurité la marche de Newton, et c'est ce que nous allons faire. Puisque nous supposons les distances des molécules assez grandes par rapport à leurs dimensions pour qu'on puisse, sans erreur sensible, négliger ces dernières, et remplacer les molécules par des points matériels représentant les masses concentrées en leurs centres de gravité, nous regarderons la force intrinsèque ou attraction qui tend à unir les molécules comme une fonction seulement de la distance des deux molécules envisagées en particulier.

10. Quelque hypothèse qu'on fasse sur une force dépendant de la distance, décroissant très-rapidement quand celle-ci augmente, et ne changeant pas avec la nature des coordonnées choisies, il faut admettre en général qu'elle est développable en série de termes ordonnés suivant les puissances décroissantes de la distance, et toutes négatives; en outre, comme les équations de l'équilibre et du mouvement sont linéaires par rapport aux forces, il faut admettre que toute action moléculaire, quelle qu'elle soit, peut être représentée par une somme, en nombre fini ou infini, de termes tels que

$$ar^{-\alpha} + br^{-\beta} + cr^{-\gamma} + \ldots,$$

dans laquelle α, β, γ, ... représentent des quantités positives croissantes, r la distance des deux points matériels dont on envisage l'action, et a, b, c, ... des constantes positives ou négatives, indépendantes de la distance, mais pouvant, dans certains cas, changer avec la direction de celle-ci. Chacun de ces termes interviendra dans l'action moléculaire totale, et la somme des actions correspondantes représentera l'action réelle. Donc, il est bon d'étudier séparément les effets qu'une attraction en raison inverse d'une puissance n de la distance peut produire dans les phénomènes moléculaires, et de les comparer aux résultats de l'expérience; en un mot, la marche qui a conduit Newton à la découverte des lois de la gravitation universelle est applicable à l'étude des phénomènes moléculaires, et ne peut qu'y jeter une lumière précieuse, en faisant connaître comment se comportent mathématiquement les lois de l'attraction à ces très-petites distances.

Nous trouverons encore, dans cette étude, la solution d'une difficulté qui ne nous semble pas avoir été assez remarquée jusqu'à ce jour. On admet la plupart du temps que, en fait de phénomènes moléculaires, les formules déduites de l'hypothèse de la matière continue, toute fausse que soit celle-ci, représentent avec une approximation très-grande les résultats que donnerait la matière discontinue, si on savait les calculer. On admet aussi que l'action moléculaire est une fonction de la distance qui décroît si rapidement avec elle qu'extrêmement grande à des distances presque insensibles, elle s'évanouit sensiblement aux plus petites distances appréciables; qu'en outre, elle donne généralement des pressions obliques sur un plan passant par un point donné d'un corps. Mais nous venons de voir que cette action moléculaire peut, d'une façon générale, être représentée par la série

$$ar^{-\alpha} + br^{-\beta} + cr^{-\gamma} + \ldots ;$$

donc son effet total se compose de la somme des effets dus à chacune des actions particulières $ar^{-\alpha}$, $br^{-\beta}$,.... Or, si ces derniers effets sont représentés fort approximativement par les formules de la matière continue, aucun d'eux ne donnera de composante oblique; et on ne comprend pas dès lors comment leur somme peut en avoir, ainsi qu'on l'admet, et que le prouve d'ailleurs l'expérience. Il y a donc une contradiction flagrante et inexpliquée entre les principes acceptés de nos jours. Comme nous le verrons plus loin, la solution en est dans ce fait que l'assimilation admise entre les formules de la matière continue et celles que fournirait la matière discontinue n'a pas la généralité qu'on lui suppose trop gratuitement; qu'elle est tout à fait erronée quand il s'agit d'actions moléculaires, et peut alors conduire aux plus grands écarts. Aurions-nous seulement obtenu cette conséquence, que nous aurions déjà, ce nous semble, justifié la marche que nous avons choisie pour étudier les phénomènes moléculaires.

11. En établissant que nous considérions seulement les phénomènes
4.

où l'on peut, sans erreur sensible, assimiler les molécules à des masses matérielles concentrées en leurs centres de gravité, nous avons laissé en suspens la question de savoir si les atomes étaient de simples points mathématiques doués d'attributs, ou des corpuscules de dimensions extrêmement petites, mais assignables; nous nous sommes borné à faire observer qu'en tout cas les molécules, en tant qu'agrégats d'atomes, avaient nécessairement des dimensions. Toutefois, l'idée de masse n'est pas la même dans les deux conceptions; nous allons définir les deux.

La masse de l'atome étendu est la quantité de matière qu'il contient; ce qui est une idée très-simple et très-nette en dehors de celle de la nature même de la matière; la masse de l'atome inétendu est l'énergie avec laquelle il exerce son action. Comme, dans la première conception, l'énergie de l'action est évidemment proportionnelle à la quantité de matière de l'atome, les masses se mesurent de la même manière dans les deux systèmes, savoir : par comparaison de leur énergie avec celle d'une molécule particulière, qu'on convient d'avance de prendre pour type. Cependant, une idée qui s'allie très-bien avec celle des atomes inétendus est que les énergies pour l'attraction en raison inverse du carré des distances ne sont pas nécessairement, pour deux atomes de nature différente, dans le même rapport que leurs énergies pour l'attraction en raison inverse de la $n^{ième}$ puissance de la distance; en d'autres termes, les atomes inétendus, comparés entre eux et à l'atome type, peuvent ne pas avoir une seule et même masse pour les diverses espèces d'attraction; le plomb, par exemple, aura une masse atomique supérieure à celle du fer pour l'attraction en raison inverse du carré de la distance, et une masse inférieure pour l'attraction en raison inverse de la $n^{ième}$ puissance. Cette conception ne concorde plus avec l'idée d'atomes étendus; mais les physiciens, qui, depuis longtemps, se sont heurtés à cette difficulté dans l'étude de certains phénomènes, l'ont déjà résolue plus ou moins heureusement en introduisant la notion de *capacité*. Ainsi, ils ont dit que deux corps différents, de même masse, avaient des capacités calorifiques différentes. Nous n'avons pas l'intention de discuter ici le mérite de cette explication, car il faudrait, pour cela, traiter à fond la question des atomes étendus et des atomes inétendus, pour laquelle nous ne voyons pas encore suffisamment d'arguments réellement scientifiques. Nous nous bornons à constater que les deux hypothèses d'atomes étendus et d'atomes inétendus permettent plus ou moins intelligiblement d'arriver au même résultat, qui est de représenter par

$$\frac{\omega\omega'\,\mu\mu'\,f_n}{r^n}$$

l'attraction d'un atome μ sur un atome μ' en raison inverse de la $n^{\text{ième}}$ puissance de la distance r, quand on a représenté par

$$\frac{\mu\mu'\,f_2}{r^2}$$

l'attraction en raison inverse du carré de la distance. Dans ces formules, μ et μ' sont les masses des atomes telles que la pesanteur les détermine; μf_2 est l'effort exercé par la gravitation de l'unité de masse sur l'atome à l'unité de distance; ω, ω' sont les capacités des masses μ, μ' pour les attractions en raison inverse de la $n^{\text{ième}}$ puissance de la distance, si l'on adopte l'idée cartésienne d'atomes étendus; ou, si l'on préfère la conception des atomes inétendus, $\omega\mu$, $\omega'\mu'$ seront les masses des atomes pour l'attraction en raison inverse de la $n^{\text{ième}}$ puissance de la distance. Il va sans dire que ω est constant pour tous les atomes d'un même corps simple.

Tout ce que nous venons de dire convient aux molécules, quand on peut les considérer comme des masses matérielles concentrées en des points mathématiques.

12. Prenons un système de coordonnées rectangulaires, et considérons deux molécules différentes, concentrées en des points mathématiques, appartenant au même corps ou à des corps différents, et désignons les quantités qui s'y rapportent par les mêmes lettres que ci-dessus. Leur attraction mutuelle en raison de la $n^{\text{ième}}$ puissance de la distance aura pour composante parallèle à l'axe des u, u désignant l'une quelconque des coordonnés x, y, z, une expression de la forme

(1) $$\omega\omega'\,\mu\mu'\,f_n\,\frac{u-u'}{r^{n+1}}.$$

Or, comme on a en même temps

(2) $$r^2 = (x-x')^2 + (y-y')^2 + (z-z')^2 = \mathbf{S}\,(u-u')^2,$$

et par conséquent,

$$(3) \qquad \frac{u - u'}{r^{n+1}} = \frac{1}{n-1} \frac{d \frac{1}{r^{n-1}}}{du'},$$

il s'ensuit que l'expression générale de la composante sera

$$\omega\omega' \mu\mu' f_n \frac{1}{n-1} \frac{d \frac{1}{r^{n-1}}}{du'},$$

et que la composante de l'attraction totale du corps sur μ' sera, parallèlement à l'axe des u,

$$(4) \qquad \frac{\omega\omega' \mu' f_n}{n-1} S \mu \frac{d \frac{1}{r^{n-1}}}{du'} = \frac{\omega\omega' \mu' f_n}{n-1} S \frac{d \frac{\mu}{r^{n-1}}}{du'}.$$

Donc, quand on emploie des coordonnées rectangulaires, la recherche des composantes de l'attraction en raison inverse de la $n^{ième}$ puissance de la distance devra se borner à la recherche de

$$\frac{1}{n-1} S \frac{\mu}{r^{n-1}},$$

qu'on dérivera ensuite par rapport à celle qu'on voudra des coordonnées x', y', z', et qu'on multipliera par $\omega\omega' \mu\mu' f_n$ pour avoir la composante parallèle à cette coordonnée. Cette recherche est encore évidemment plus simple quand μ est constant dans tout le corps, puisqu'il sort alors de dessous le signe sommatoire. Différentes idées ont eu cours à ce sujet. S'appuyant sur une observation superficielle, des physiciens ont cru à l'inégalité des parcelles élémentaires des corps, et ont considéré ceux-ci comme des espèces de brèches ou poudingues (j'emprunte à la géologie la meilleure manière de représenter l'idée) formées de parcelles inégales entassées confusément et sans ordre. Parmi les géomètres, Poisson admet la possibilité de cette hypothèse (*voyez* notamment le Mémoire inséré au 20e cahier du *Journal de l'École Polytechnique*), et cherche à la comprendre dans ses formules; mais, quand il arrive au détail, il n'envisage que des molécules variant régulièrement en vertu de la chaleur. Si nous discutons cette hypothèse en elle-même, nous arrivons aux conclusions suivantes :

1° Elle est inconciliable avec l'idée d'atomes réduits à des points mathématiques doués d'attributs. Car, avec cette dernière, comment concevoir des corps différents, si ce n'est en supposant leurs atomes constituants doués d'attributs (c'est-à-dire d'énergies d'action) différents? Et des atomes doués d'attributs inégaux ne peuvent pas appartenir au même corps. Vainement dirait-on que les trois termes dont parle M. Ath. Dupré (*voyez* le n° 1) ont entre eux le même rapport, qu'ils sont multipliés par un coefficient plus grand, et que cela suffit; l'existence bien connue des corps isomères montre que des molécules composées des mêmes éléments, mais dans des proportions différentes, n'ont pas les mêmes propriétés, et qu'il doit en être de même des parcelles élémentaires.

2° Elle est inconciliable avec l'expérience et l'idée moderne de parcelles étendues, dénuées d'attributs, agissant uniquement en vertu de mouvements constamment échangés. En effet, si les parcelles ou molécules n'agissent que par leur quantité de mouvement, ce qui les détermine à appartenir à un corps n'est pas un mouvement variant sans cesse, mais c'est ou leur forme, ou leur masse, ou une combinaison de ces deux causes. Or, jusqu'à présent les observations les plus délicates n'ont rien révélé dans les phénomènes qui dût être attribué à la forme des molécules plutôt qu'à leur disposition. (*Voyez* notamment les conclusions de M. Jamin sur la Polarisation rotatoire dans les cristaux, *Cours de Physique de l'École Polytechnique*, t. III, p. 662.) Donc, puisque la forme moléculaire ne semble pas devoir influer sur les phénomènes les plus intimes, il faut que ce soit la masse, et dès lors les dernières particules d'un même corps doivent avoir toutes la même masse, car c'est le seul caractère qui les différencie des dernières particules des autres corps.

3° L'hypothèse de molécules inégales peut être acceptée par les physiciens éclectiques qui admettent à la fois l'idée cartésienne d'atomes étendus et l'idée scolastique des attributs, pourvu qu'ils supposent ces derniers indépendants de la forme; mais il faut supposer des attributs assez nombreux : *La numerosa schiera di attrazioni e ripulzioni che ora popola la fisica*, dit le P. Secchi dans l'*Unità delle forze fisiche*, p. 223; car l'idée de masses diverses attirées suivant les puissances de la distance, ou de masses et de capacités devient insuffisante, puisque la nature du corps ne dépend plus de la masse moléculaire, supposée variable. Toutefois, le nombre de ces physiciens éclectiques diminue de jour en jour, et ceux qui admettent les atomes étendus doués de forces intrinsèques dépendant nécessairement de la forme et de la dimension dans les phénomènes les plus intimes, tels que les actions chimiques, sont forcés de rejeter l'hypothèse des atomes inégaux. Les raisons en sont les mêmes que pour les partisans exclusifs des forces extrinsèques.

Ainsi, en adoptant l'hypothèse de la constance de la masse des molécules dans un même corps, nous négligeons l'hypothèse la moins plausible, et nous trouvons une grande simplification dans les calculs. La recherche des composantes de l'attraction exercée par un corps sur un point de masse μ' est donc ramenée à l'étude de l'expression

$$(5) \qquad \frac{\mu}{n-1}\, \mathbf{S}\, \frac{1}{r^{n-1}}.$$

Il importe, toutefois, de faire observer que cette manière d'obtenir les composantes n'est permise qu'avec les coordonnées rectangulaires. En effet, désignons respectivement par $\widehat{xy}$, $\widehat{yz}$, $\widehat{zx}$, les angles quelconques que font entre eux les axes obliques des x et des y, des y et des z, des z et des x; nous aurons, d'après un théorème connu,

$$(6) \quad \begin{cases} r^2 = (x-x')^2 + (y-y')^2 + (z-z')^2 + 2(x-x')(y-y')\cos\widehat{xy} \\ \qquad + 2(y-y')(z-z')\cos\widehat{yz} + 2(z-z')(x-x')\cos\widehat{zx}; \end{cases}$$

d'où l'on peut déduire l'expression générale

$$(7) \qquad \frac{d\,\frac{1}{r^{n-1}}}{du'} = (n-1)\,\frac{u-u' + (v-v')\cos\widehat{uv} + (w-w')\cos\widehat{wu}}{r^{n+1}};$$

ce qui n'est plus dans un rapport simple avec la composante, dont l'expression est toujours la formule (1). L'abréviation indiquée ci-dessus convient donc uniquement au cas des coordonnées rectangulaires.

13. Les principaux géomètres qui se sont occupés, dans le siècle présent, d'appliquer à la recherche des lois du monde physique les

principes de la mécanique rationnelle ont tous supposé un état primitif
où le corps n'était soumis à aucune force, et auquel ils rapportaient les
positions des molécules du corps déformé sous l'action des forces ayant
amené l'état actuel où on le considère. Nous adopterons cette hypothèse fort légitime et éminemment commode pour l'application du calcul; nous distinguerons toujours désormais l'état actuel et l'état primitif; nous définirons bientôt ce dernier d'une manière plus complète.

Du moment que nous admettons des molécules concentrées en des
points, il suffit de considérer des points matériels, c'est-à-dire représentant une certaine quantité de force. Ceci posé, nous pouvons choisir
une file de points matériels consécutifs, et faire passer par eux une
courbe continue; nous pouvons, à côté de cette première file de points,
en prendre une seconde, dirigée de telle sorte qu'il ne reste aucun
point matériel entre elles deux; nous pouvons ensuite en choisir une
troisième, disposée par rapport à la seconde comme celle-ci l'est par
rapport à la première, puis une quatrième, une cinquième, etc., disposées chacune, par rapport à la précédente, comme la seconde l'est par
rapport à la première, et ainsi de suite. En opérant ainsi de proche en
proche et dans tous les sens, nous répartirons tous les points matériels,
ou centres de molécules, du corps attirant sur un nombre de courbes
extrêmement grand, mais non infini, puisque les points eux-mêmes
sont en nombre excessivement grand, mais non infini. Nous pouvons
dès lors concevoir toutes les courbes assujetties à une loi unique.

En agissant sur les mêmes molécules dans un autre sens, mais d'après
une marche analogue, nous pouvons déterminer un second système de
courbes continues, qui couperont nécessairement toutes les courbes du
premier système aux points matériels qu'elles contiennent, et compren-
dront tous ces points. Étant donnée une première courbe β de ce second
système, soient α, α', α'', α''',... les courbes successives du premier système sur lesquelles elle s'appuie; nous pouvons tracer toutes les autres
courbes β appuyées à la courbe α, de telle sorte qu'elles s'appuient également sur les courbes α', α'', α''',...; et, par suite, ces dernières courbes
α', α'', α''',... rencontreront les mêmes courbes du second système que
la courbe α, et n'en rencontreront pas d'autres. Nous pouvons continuer
de la sorte pour toutes les courbes du second système en dehors du
système (α, β), et c'est ce que nous admettrons avoir fait.

5

Nous pouvons concevoir cette même opération exécutée dans un troisième sens, et produisant un troisième système de courbes passant par tous les points matériels du corps et y coupant toutes les courbes du premier système aux points matériels qu'elles contiennent, et dans les mêmes conditions par rapport aux deux premiers systèmes que le second par rapport au premier; de sorte que chaque point matériel soit la commune intersection de trois courbes différentes, appartenant chacune à un système différent. Nous pouvons enfin imaginer un nombre extrêmement grand d'autres systèmes de courbes qui rempliront, les uns par rapport aux autres, trois à trois par exemple, les mêmes conditions, et seront tous distincts; mais les trois premiers systèmes suffisent pour représenter la position de chaque point matériel par des coordonnées curvilignes. La position d'un point matériel quelconque sera déterminée dès qu'on aura donné les équations de trois courbes qui y passent. Deux d'entre elles suffisent, à la rigueur, quand on envisage les lignes dans l'espace.

On peut admettre qu'une courbe d'un système et toutes les courbes d'un second système qui s'y appuient déterminent une surface courbe ; on peut donc répartir tous les points matériels du corps sur un système de surfaces courbes de même nature. Combinés deux à deux, les trois systèmes de lignes courbes donneront ainsi naissance à trois systèmes de surfaces courbes, et chaque point matériel sera la commune intersection de trois surfaces de système différent. En prenant pour origine un point matériel du corps, pour surfaces coordonnées les trois surfaces, chacune d'un système différent, qui s'y coupent, pour axes curvilignes leurs trois intersections, on peut regarder comme les trois coordonnées curvilignes du point M les trois arcs de courbe, chacun d'un système différent, qui s'y coupent, et sont compris entre ce point et les surfaces coordonnées.

Afin d'appliquer le calcul à notre système de coordonnées, imaginons un *état primitif* où les surfaces des trois systèmes sont devenues des plans se coupant à angle droit, et où la distance de deux plans consécutifs d'un même système est une constante. Ne supposons pas d'ailleurs cette constante la même pour des systèmes de plans différents. Alors, les courbes sont devenues des droites orthogonales, équidistantes, dans le même système. On peut calculer les forces qui ont amené les plans et les droites dont il s'agit à être les surfaces et les courbes de l'*état actuel;* évidemment, ces forces ont des expressions continues, les mêmes dans toutes les parties du corps où règne une même loi de distribution, puisque surfaces et courbes sont continues et assujetties à des lois uniques. Appelons αh, βk, γl les trois coordonnées du point M dans l'état primitif, h, k, l étant les distances respectives des plans consécutifs dans chacun des trois systèmes, et α, β, γ les nombres de fois que ces distances sont contenues dans les coordonnées primitives de M; il s'ensuivra que α, β, γ seront nécessairement des nombres entiers pour tous les points matériels; et qu'au moins l'un deux cessera de l'être pour les points mathématiques intermédiaires aux centres de gravité des molécules. Soient x, y, z les coordonnées du point M dans l'état actuel, rapporté à un système de coordonnées rectilignes quelconques; comme elles sont déterminées dès que αh, βk, γl et l'origine de l'état actuel le sont, nous sommes autorisés à poser, d'une manière générale,

$$(8) \quad x = f(\alpha h, \beta k, \gamma l, t), \quad y = f_{\iota}(\alpha h, \beta k, \gamma l, t), \quad z = f_{\iota}(\alpha h, \beta k, \gamma l, t),$$

t désignant le temps dans le cas du mouvement, et une constante dans le cas de l'équilibre.

Si nous faisons varier seulement α dans ces équations, nous avons la courbe qu'affectent les points qui, dans l'état primitif, constituent la droite α, caractérisée par la constance de β et de γ. Nous désignerons cette courbe par la lettre α, et nous trouverons les équations de ses projections en éliminant αh entre les équations (8). De même la courbe β sera caractérisée par la constance de γ et de α, et nous en trouverons les équations en éliminant la variable βk entre les équations (8); la courbe γ sera caractérisée par la constance de α et de β, et nous en trouverons les équations en éliminant la variable γl entre les équations (8).

Si, au lieu d'une seule des quantités α, β, γ, nous en supposons deux variables, nous obtenons la surface contenant les mêmes points que le plan de l'état primitif, où la troisième quantité seule était constante, et nous pouvons déduire l'équation de cette surface des trois relations (8), en éliminant entre elles les deux quantités variables. Nous

5.

désiguerons ces surfaces et les plans correspondants par celle des trois
lettres α, β, γ qui y représente une constante.

Ainsi la courbe α est celle où le nombre α varie seul quand on y
passe d'un point à un autre; la surface α, au contraire, est celle où ce
nombre seul reste toujours constant, quand on s'y déplace d'une manière quelconque.

Ces généralités, que j'ai déjà développées ailleurs (*Recherches ma-*
thématiques sur les lois fondamentales du monde physique, 1er Mémoire, Gauthier-Villars, Paris, 1865), conviennent à toutes les hypothèses qu'on peut concevoir sur la constitution des molécules dès qu'on
envisage seulement leurs centres de gravité, et qu'on écarte l'hypothèse des chocs, c'est-à-dire de la discontinuité des mouvements; elles
s'appliquent aussi bien à l'hypothèse de molécules de grandeurs différentes qu'à celles de molécules identiques; mais, ainsi que je l'ai dit
dans l'article précédent, je supposerai, dans tout le cours de ce Mémoire, l'identité des molécules.

14. Nous ne nous occuperons, dans tout ce qui va suivre, que de
quantités réelles et calculables, puisque les distances des molécules ne
sont pas infiniment petites. Nous désignerons par le mot *finies*, ou, de
préférence, *appréciables,* les distances que nous pouvons arriver à mesurer avec nos instruments, et qui généralement ne descendent pas au-
dessous d'un centième de millimètre; nous qualifierons d'*extrêmement*
petites ou *insensibles* les distances comparables aux iutervalles moléculaires que diverses raisons portent à supposer inférieurs, souvent de
beaucoup, à un dix-millième de millimètre. A ce point de vue, nous
classerons les distances en divers ordres de grandeurs : l'ordre h comprendra les distances comparables à celles des molécules, telles que h,
k, l et de petits multiples ou des fractions notables de ces grandeurs;
l'ordre fini, ou h^0, les distances appréciables depuis un centième de
millimètre jusqu'à un billion de mètres environ; les autres ordres se
déduisent facilement de ceux-ci, ainsi que le sens des expressions que
nous y consacrerons. Évidemment, on pourra, sans grande erreur,
négliger les quantités d'un de ces ordres par rapport à celles de
l'ordre supérieur, surtout quand elles s'écartent toutes les deux des
limites voisines; par exemple, on peut négliger celles de l'ordre h^2 par

rapport à celles de l'ordre h, celles de l'ordre h par rapport à celles de l'ordre h^0,...; mais cela cesserait d'être permis pour les quantités comprises entre les limites que nous avons désignées.

Il va sans dire que, dans tout ce qui précède, et par la suite, nous appelons *ordre supérieur* celui où les quantités sont les plus grandes, et non celui où l'exposant de h est le plus fort; c'est, au contraire, l'ordre où l'exposant de h est le plus petit, dans le sens algébrique du mot, qui est l'ordre supérieur.

15. Du moment que les fonctions (8) sont continues, elles sont soumises aux lois qui régissent les fonctions, et on peut y appliquer la série de Taylor; si donc on désigne par α, β, γ les valeurs correspondant à un point M, par $\alpha + \Delta\alpha$, $\beta + \Delta\beta$, $\gamma + \Delta\gamma$ celles qui correspondent à un point voisin M', les formules (8) donneront

$$(9)' \quad \begin{cases} \Delta x = \dfrac{df}{d\alpha h}h\Delta\alpha + \dfrac{df}{d\beta k}k\Delta\beta + \dfrac{df}{d\gamma l}l\Delta\gamma \\[2mm] + \dfrac{d^2f}{d\alpha h^2}\dfrac{h^2\Delta\alpha^2}{1.2} + \dfrac{d^2f}{d\beta k^2}\dfrac{k^2\Delta\beta^2}{1.2} + \dfrac{d^2f}{d\gamma l^2}\dfrac{l^2\Delta\gamma^2}{1.2} \\[2mm] + \dfrac{d^2f}{d\alpha h.d\beta k}h\Delta\alpha.k\Delta\beta + \dfrac{d^2f}{d\beta k.d\gamma l}k\Delta\beta.l\Delta\gamma + \dfrac{d^2f}{d\gamma l.d\alpha h}l\Delta\gamma.h\Delta\alpha \\ \dots\dots\dots\dots \end{cases}$$

$$(9)^2 \quad \begin{cases} \Delta y = \dfrac{df_1}{d\alpha h}h\Delta\alpha + \dfrac{df_1}{d\beta k}k\Delta\beta + \dfrac{df_1}{d\gamma l}l\Delta\gamma \\[2mm] + \dfrac{d^2f_1}{d\alpha h^2}\dfrac{h^2\Delta\alpha^2}{1.2} + \dfrac{d^2f_1}{d\beta k^2}\dfrac{k^2\Delta\beta^2}{1.2} + \dfrac{d^2f_1}{d\gamma l^2}\dfrac{l^2\Delta\gamma^2}{1.2} \\[2mm] + \dfrac{d^2f_1}{d\alpha h.d\beta k}h\Delta\alpha.k\Delta\beta + \dfrac{d^2f_1}{d\beta k.d\gamma l}k\Delta\beta.l\Delta\gamma + \dfrac{d^2f_1}{d\gamma l.d\alpha h}l\Delta\gamma.h\Delta\alpha \\ \dots\dots\dots\dots \end{cases}$$

$$(9)^3 \quad \begin{cases} \Delta z = \dfrac{df_2}{d\alpha h}h\Delta\alpha + \dfrac{df_2}{d\beta k}k\Delta\beta + \dfrac{df_2}{d\gamma l}l\Delta\gamma \\[2mm] + \dfrac{d^2f_2}{d\alpha h^2}\dfrac{h^2\Delta\alpha^2}{1.2} + \dfrac{d^2f_2}{d\beta k^2}\dfrac{k^2\Delta\beta^2}{1.2} + \dfrac{d^2f_2}{d\gamma l^2}\dfrac{l^2\Delta\gamma^2}{1.2} \\[2mm] + \dfrac{d^2f_2}{d\alpha h.d\beta k}h\Delta\alpha.k\Delta\beta + \dfrac{d^2f_2}{d\beta k.d\gamma l}k\Delta\beta.l\Delta\gamma + \dfrac{d^2f_2}{d\gamma l.d\alpha h}l\Delta\gamma.h\Delta\alpha \\ \dots\dots\dots\dots \end{cases}$$

Excepté dans des cas tout particuliers,. les dérivées qui entrent dans ces développements sont des quantités finies, puisque αh, βk, γl le sont ; mais, aux environs de M, $h\,\Delta\alpha$, $k\,\Delta\beta$, $l\,\Delta\gamma$ sont de l'ordre h. Donc les trois premiers termes de Δx, Δy, Δz sont de l'ordre h; les six termes consécutifs sont de l'ordre h^2 ; et les suivants, de l'ordre h^3 et d'ordres supérieurs. On peut donc, sans erreur sensible, borner les valeurs de Δx, Δy, Δz aux trois premiers termes du second membre en négligeant tous les autres termes, et écrire

$$(10)\quad \begin{cases} \Delta x = \dfrac{df}{d\,\alpha h}\,h\,\Delta\alpha + \dfrac{df}{d\,\beta k}\,k\,\Delta\beta + \dfrac{df}{d\,\gamma l}\,l\,\Delta\gamma, \\[2mm] \Delta y = \dfrac{df_{\prime}}{d\,\alpha h}\,h\,\Delta\alpha + \dfrac{df_{\prime}}{d\,\beta k}\,k\,\Delta\beta + \dfrac{df_{\prime}}{d\,\gamma l}\,l\,\Delta\gamma, \\[2mm] \Delta z = \dfrac{df_{\prime}}{d\,\alpha h}\,h\,\Delta\alpha + \dfrac{df_{\prime}}{d\,\beta k}\,k\,\Delta\beta + \dfrac{df_{\prime}}{d\,\gamma l}\,l\,\Delta\gamma : \end{cases}$$

bien entendu qu'ici $\Delta\alpha$, $\Delta\beta$, $\Delta\gamma$ représentent des nombres entiers, tels que 1, 2, 3, 4, etc. On peut aller dans la série de ces nombres d'autant plus loin que la décroissance des dérivées successives des fonctions (8) est plus rapide.

La conclusion des équations (10) est que, dans le voisinage du point M, on peut, en général, regarder les courbes α, β, γ comme rectilignes ; et que cette supposition s'approche d'autant plus de la réalité, et peut être étendue à d'autant plus de molécules voisines que les développements (9) sont plus convergents. Mais les droites correspondant aux courbes α, β, γ ne sont pas nécessairement perpendiculaires entre elles, comme l'étaient les droites primitives dont elles sont issues; tout ce qu'on est autorisé à conclure, c'est que, dans le voisinage d'un point matériel M, on peut admettre, sans grande erreur, que les molécules ou points matériels forment généralement les sommets d'un réseau de parallélipipèdes égaux et jointifs. Comme nous l'avons déjà dit, il y a une quantité extrêmement grande de réseaux de cette nature contenant tous les centres de gravité des molécules et n'ayant pas d'autres sommets. Nous appellerons *parallélipipède élémentaire* tout parallélipipède servant de base à l'un de ces réseaux ; et nous désignerons plus particulièrement par l'épithète de *fondamental* le parallélipipède élémentaire dont les trois côtés aboutissant en M sont les prolongements des trois courbes α, β, γ jusqu'aux points immédiatement consécutifs de M sur ces courbes. Enfin nous nommerons *axes conjugués* les axes ayant leur origine en M et se confondant avec les trois côtés d'un parallélipipède élémentaire. Nous aurions désiré pouvoir éviter toutes ces conventions qui chargent la mémoire d'autre chose que de faits, mais nous avons rencontré trop de difficultés à vouloir tout exprimer par des périphrases.

Cela posé, nous allons donner celles des principales formules relatives aux parallélipipèdes élémentaires qui serviront de bases pour nos recherches ultérieures ; nous supposerons tous les points matériels rapportés à des axes rectangulaires.

Les équations des trois côtés du parallélipipède élémentaire fondamental, autrement dit, des tangentes menées par le point M aux courbes α, β, γ qui s'y coupent, sont :

Côté α :

$$(11) \qquad \frac{df}{d\alpha h}(y - y') = \frac{df_1}{d\alpha h}(x - x'), \qquad \frac{df}{d\alpha h}(z - z') = \frac{df_2}{d\alpha h}(x - x');$$

Côté β :

$$(12) \qquad \frac{df}{d\beta k}(y - y') = \frac{df_1}{d\beta k}(x - x'), \qquad \frac{df}{d\beta k}(z - z') = \frac{df_2}{d\beta k}(x - x');$$

Côté γ :

$$(13) \qquad \frac{df}{d\gamma l}(y - y') = \frac{df_1}{d\gamma l}(x - x'), \qquad \frac{df}{d\gamma l}(z - z') = \frac{df_2}{d\gamma l}(x - x').$$

Elles conviennent également aux coordonnées rectangulaires et aux coordonnées obliques. En voici de restreintes au cas unique des coordonnées rectangulaires.

Posons, pour abréger,

$$(14) \qquad \begin{cases} \dfrac{df^2}{d\alpha h^2} + \dfrac{df_1^2}{d\alpha h^2} + \dfrac{df_2^2}{d\alpha h^2} = \sum \dfrac{df^2}{d\alpha h^2}, \\[2mm] \dfrac{df^2}{d\beta k^2} + \dfrac{df_1^2}{d\beta k^2} + \dfrac{df_2^2}{d\beta k^2} = \sum \dfrac{df^2}{d\beta k^2}, \\[2mm] \dfrac{df^2}{d\gamma l^2} + \dfrac{df_1^2}{d\gamma l^2} + \dfrac{df_2^2}{d\gamma l^2} = \sum \dfrac{df^2}{d\gamma l^2}; \end{cases}$$

$$(15) \begin{cases} \dfrac{df}{d\alpha h}\dfrac{df}{d\beta k} + \dfrac{df_1}{d\alpha h}\dfrac{df_1}{d\beta k} + \dfrac{df_2}{d\alpha h}\dfrac{df_2}{d\beta k} = \sum \dfrac{df}{d\alpha h}\dfrac{df}{d\beta k}, \\[2mm] \dfrac{df}{d\beta k}\dfrac{df}{d\gamma l} + \dfrac{df_1}{d\beta k}\dfrac{df_1}{d\gamma l} + \dfrac{df_2}{d\beta k}\dfrac{df_2}{d\gamma l} = \sum \dfrac{df}{d\beta k}\dfrac{df}{d\gamma l}, \\[2mm] \dfrac{df}{d\gamma l}\dfrac{df}{d\alpha h} + \dfrac{df_1}{d\gamma l}\dfrac{df_1}{d\alpha h} + \dfrac{df_2}{d\gamma l}\dfrac{df_2}{d\alpha h} = \sum \dfrac{df}{d\gamma l}\dfrac{df}{d\alpha h}. \end{cases}$$

Nous trouverons les expressions suivantes des angles que chacun des côtés du parallélipipède élémentaire fondamental fait successivement avec les trois axes des x, y, z :

$$(16) \begin{cases} \cos\widehat{\alpha x} = \dfrac{df}{d\alpha h}\left(\sum \dfrac{df^2}{d\alpha h^2}\right)^{-\frac{1}{2}}, & \cos\widehat{\alpha y} = \dfrac{df_1}{d\alpha h}\left(\sum \dfrac{df^2}{d\alpha h^2}\right)^{-\frac{1}{2}}, & \cos\widehat{\alpha z} = \dfrac{df_2}{d\alpha h}\left(\sum \dfrac{df^2}{d\alpha h^2}\right)^{-\frac{1}{2}}, \\[3mm] \cos\widehat{\beta x} = \dfrac{df}{d\beta k}\left(\sum \dfrac{df^2}{d\beta k^2}\right)^{-\frac{1}{2}}, & \cos\widehat{\beta y} = \dfrac{df_1}{d\beta k}\left(\sum \dfrac{df^2}{d\beta k^2}\right)^{-\frac{1}{2}}, & \cos\widehat{\beta z} = \dfrac{df_2}{d\beta k}\left(\sum \dfrac{df^2}{d\beta k^2}\right)^{-\frac{1}{2}}, \\[3mm] \cos\widehat{\gamma x} = \dfrac{df}{d\gamma l}\left(\sum \dfrac{df^2}{d\gamma l^2}\right)^{-\frac{1}{2}}, & \cos\widehat{\gamma y} = \dfrac{df_1}{d\gamma l}\left(\sum \dfrac{df^2}{d\gamma l^2}\right)^{-\frac{1}{2}}, & \cos\widehat{\gamma z} = \dfrac{df_2}{d\gamma l}\left(\sum \dfrac{df^2}{d\gamma l^2}\right)^{-\frac{1}{2}}, \end{cases}$$

et les expressions suivantes des angles plans du parallélipipède élémentaire fondamental lui-même :

$$(17) \begin{cases} \cos\widehat{\alpha\beta} = \dfrac{\sum \dfrac{df}{d\alpha h}\dfrac{df}{d\beta k}}{\left(\sum \dfrac{df^2}{d\alpha h^2}\right)^{\frac{1}{2}}\left(\sum \dfrac{df^2}{d\beta k^2}\right)^{\frac{1}{2}}}, \\[6mm] \cos\widehat{\beta\gamma} = \dfrac{\sum \dfrac{df}{d\beta k}\dfrac{df}{d\gamma l}}{\left(\sum \dfrac{df^2}{d\beta k^2}\right)^{\frac{1}{2}}\left(\sum \dfrac{df^2}{d\gamma l^2}\right)^{\frac{1}{2}}}, \\[6mm] \cos\widehat{\gamma\alpha} = \dfrac{\sum \dfrac{df}{d\gamma l}\dfrac{df}{d\alpha h}}{\left(\sum \dfrac{df^2}{d\gamma l^2}\right)^{\frac{1}{2}}\left(\sum \dfrac{df^2}{d\alpha h^2}\right)^{\frac{1}{2}}}. \end{cases}$$

En appliquant aux formules (10) les formules (9) et les raisonnements subséquents, nous trouverons, lorsqu'on marche dans un même sens,

$$
\begin{aligned}
(18) \quad
\Delta^2 x &= \frac{d^2f}{d\,\alpha h}\, h^2 \Delta\alpha^2 + \frac{d^2f}{d\,\beta k}\, k^2 \Delta\beta^2 + \frac{d^2f}{d\gamma l}\, l^2 \Delta\gamma^2 \\
&\quad + 2\,\frac{d^2f}{d\alpha h . d\beta k}\, h\Delta\alpha . k\Delta\beta + 2\,\frac{d^2f}{d\beta k . d\gamma l}\, k\Delta\beta . l\Delta\gamma + 2\,\frac{d^2f}{d\gamma l . d\alpha h}\, l\Delta\gamma . h\Delta\alpha, \\[6pt]
\Delta^2 y &= \frac{d^2f_1}{d\,\alpha h}\, h^2 \Delta\alpha^2 + \frac{d^2f_1}{d\,\beta k}\, k^2 \Delta\beta^2 + \frac{d^2f_1}{d\gamma l}\, l^2 \Delta\gamma^2 \\
&\quad + 2\,\frac{d^2f}{d\alpha h . d\beta k}\, h\Delta\alpha . k\Delta\beta + 2\,\frac{d^2f}{d\beta k . d\gamma l}\, k\Delta\beta . l\Delta\gamma + 2\,\frac{d^2f}{d\gamma l . d\alpha h}\, l\Delta\gamma . h\Delta\alpha, \\[6pt]
\Delta^2 z &= \frac{d^2f_2}{d\,\alpha h}\, h^2 \Delta\alpha^2 + \frac{d^2f_2}{d\,\beta k}\, k^2 \Delta\beta^2 + \frac{d^2f_2}{d\gamma l}\, l^2 \Delta\gamma^2 \\
&\quad + 2\,\frac{d^2f}{d\alpha h . d\beta k}\, h\Delta\alpha . k\Delta\beta + 2\,\frac{d^2f}{d\beta k . d\gamma l}\, k\Delta\beta . l\Delta\gamma + 2\,\frac{d^2f}{d\gamma l . d\alpha h}\, l\Delta\gamma . h\Delta\alpha;
\end{aligned}
$$

et lorsqu'on marche dans un sens différent, c'est-à-dire que α, β, γ croissent de $\Delta'\alpha$, $\Delta'\beta$, $\Delta'\gamma$,

$$
\begin{aligned}
(18\ bis) \quad
\Delta^2 x &= \frac{d^2f}{d\,\alpha h}\, h^2 \Delta\alpha\,\Delta'\alpha + \frac{d^2f}{d\,\beta k}\, k^2 \Delta\beta\,\Delta'\beta + \frac{d^2f}{d\gamma l}\, l^2 \Delta\gamma\,\Delta'\gamma \\
&\quad + \frac{d^2f}{d\alpha h . d\beta k}\, hk\,(\Delta\alpha\,\Delta'\beta + \Delta'\alpha\,\Delta\beta) \\
&\quad + \frac{d^2f}{d\beta k . d\gamma l}\, kl\,(\Delta\beta\,\Delta'\gamma + \Delta'\beta\,\Delta\gamma) \\
&\quad + \frac{d^2f}{d\gamma l . d\alpha h}\, lh\,(\Delta\gamma\,\Delta'\alpha + \Delta'\gamma\,\Delta\alpha), \\[6pt]
\Delta^2 y &= \frac{d^2f_1}{d\,\alpha h}\, h^2 \Delta\alpha\,\Delta'\alpha + \ldots, \\[6pt]
\Delta^2 z &= \frac{d^2f_2}{d\,\alpha h}\, h^2 \Delta\alpha\,\Delta'\alpha + \ldots.
\end{aligned}
$$

Selon qu'on voudra déduire de ces formules celles qui se rapportent respectivement aux côtés α, β, γ du parallélipipède élémentaire, nous y ferons $\Delta\alpha = 1$, $\Delta\beta = 0$, $\Delta\gamma = 0$; ou $\Delta\alpha = 0$, $\Delta\beta = 1$, $\Delta\gamma = 0$: $\Delta\alpha = 0$, $\Delta\beta = 0$, $\Delta\gamma = 1$.

Nous bornerons ici nos formules fondamentales, et nous allons trai- ter, dans un paragraphe distinct, les questions qui se rapportent aux axes conjugués et aux parallélipipèdes élémentaires.

§ III. — *Axes conjugués; parallélipipèdes élémentaires; théorèmes et problèmes généraux.*

16. Problème. — *Étant donné un système de coordonnées αh, βk, γl, obliques ou rectangulaires, tel qu'à chaque système de valeurs entières de α, β, γ réponde un point matériel d'un corps homogène, et qu'aucun point matériel du même corps ne réponde à tout autre système de valeurs de α, β, γ dont une ou plusieurs seraient fractionnaires, en d'autres termes, étant donné un système d'axes conjugués, en trouver un autre dont les coordonnées $\alpha' h'$, $\beta' k'$, $\gamma' l'$ jouissent de la même propriété par rapport aux points matériels du corps.*

Ce problème peut être encore envisagé sous une autre face que voici : l'ensemble des droites αh, βk, γl détermine, par les valeurs entières de α, β, γ, les arêtes d'un réseau de parallélipipèdes égaux et jointifs dont les sommets sont les centres de gravité des molécules du corps; il faut trouver un autre système de droites déterminant les arêtes d'un second réseau de parallélipipèdes jointifs ayant les mêmes sommets.

Désignons, comme précédemment, par $\widehat{\alpha\beta}$, $\widehat{\beta\gamma}$, $\widehat{\gamma\alpha}$ les angles que font respectivement entre eux les axes des α et β, β et γ, γ et α; supposons en outre, ce qui est permis, une même origine aux anciens et aux nouveaux axes; le cas général se déduit facilement de celui-ci.

Chacun des nouveaux axes est déterminé par le point matériel qui sert d'origine commune, et le plus rapproché des points matériels qu'il contient en dehors de celui-ci (il s'agit, non des axes au moyen desquels on a établi les formules (8), mais d'axes particuliers correspondant à un point matériel quelconque du corps); par conséquent, si l'on regarde α, β, γ comme nuls à l'origine, en un mot qu'on prenne le système donné comme un système primitif, oblique ou rectangulaire, les α, β, γ du second point qui détermine une nouvelle direction d'axe n'ont pas de facteur qui leur soit commun à tous les trois. Car, s'ils en avaient un, on aurait en les divisant par ce facteur commun des quotients répondant aux coordonnées d'un point matériel situé sur la même droite, et plus rapproché de l'origine que le premier point, ce qui est contraire à l'hypothèse. Soient $\alpha_1 h$, $\beta_1 k$, $\gamma_1 l$ les coordonnées du second point du nouvel axe des α'; $\alpha_2 h$, $\beta_2 k$, $\gamma_2 l$ les coordonnées du second point du nouvel axe des β'; $\alpha_3 h$, $\beta_3 k$, $\gamma_3 l$ les coordonnées du second point du nouvel axe des γ'; les équations de ces trois axes rapportés au système donné seront représentées par les trois systèmes de relations suivantes :

(19)   Axe des α' : $\alpha_1 hy = \beta_1 kx$, $\alpha_1 hz = \gamma_1 lx$;

(20)   Axe des β' : $\alpha_2 hy = \beta_2 kx$, $\alpha_2 hz = \gamma_2 lx$;

(21)   Axe des γ' : $\alpha_3 hy = \beta_3 kx$, $\alpha_3 hz = \gamma_3 lx$;

les équations des trois nouveaux plans coordonnés seront les suivantes :

Plan des variables α', β', ou plan γ' :

$$(22) \quad (\beta_1 \gamma_2 - \beta_2 \gamma_1)\frac{x}{h} + (\gamma_1 \alpha_2 - \gamma_2 \alpha_1)\frac{y}{k} + (\alpha_1 \beta_2 - \alpha_2 \beta_1)\frac{z}{l} = 0;$$

Plan des variables β', γ', ou plan α' :

$$(23) \quad (\beta_2 \gamma_3 - \beta_3 \gamma_2)\frac{x}{h} + (\gamma_2 \alpha_3 - \gamma_3 \alpha_2)\frac{y}{k} + (\alpha_2 \beta_3 - \alpha_3 \beta_1)\frac{z}{l} = 0;$$

Plan des variables γ', α', ou plan β' :

$$(24) \quad (\beta_3 \gamma_1 - \beta_1 \gamma_3)\frac{x}{h} + (\gamma_3 \alpha_1 - \gamma_1 \alpha_3)\frac{y}{k} + (\alpha_3 \beta_1 - \alpha_1 \beta_3)\frac{z}{l} = 0.$$

Bien que les coordonnées des seconds points de chacun des axes n'aient pas de facteurs communs, les coefficients des variables dans les équations (22), (23) et (24) peuvent en avoir, attendu qu'ils sont des expressions complexes de ces quantités; mais il est aisé de démontrer que, l'une des droites du plan étant donnée, ainsi que les coefficients de celui-ci débarrassés de tout facteur commun, on peut toujours trouver dans le même plan un autre point, partant un second côté, tel que les coefficients qu'il fournira pour x, y, z n'aient pas de facteur commun. A cet effet considérons l'un quelconque des plans ci-dessus, et prenons pour exemple le plan (22). Soit d le plus grand commun diviseur des coefficients obtenus d'abord, savoir: $\beta_1 \gamma_2 - \beta_2 \gamma_1$, $\gamma_1 \alpha_2 - \gamma_2 \alpha_1$, $\alpha_1 \beta_2 - \alpha_2 \beta_1$, et soient a, b, c, leurs quotients respectifs quand on les divise par ce plus grand commun diviseur. L'équation (22) équivaudra

6.

à la suivante, dont les coefficients sont entiers et dépourvus de facteur commun

$$a\,\frac{x}{h} + b\,\frac{y}{k} + c\,\frac{z}{l} = 0;$$

et comme elle doit être satisfaite par les coordonnées $\alpha_1 h$, $\beta_1 k$, $\gamma_1 l$ du premier point donné, on aura

(25)
$$a\alpha_1 + b\beta_1 + c\gamma_1 = 0.$$

De même, soient ξh, ηk, ζl les cordonnées d'un second point de ce plan, on aura

(26)
$$a\xi + b\eta + c\zeta = 0.$$

Il s'agit de montrer qu'on peut toujours trouver des valeurs entières de ξ, η, ζ telles qu'on ait

(27)
$$\beta_1\zeta - \eta\gamma_1 = a, \quad \gamma_1\xi - \zeta\alpha_1 = b, \quad \alpha_1\eta - \zeta\beta_1 = c.$$

Cauchy a démontré, dans le premier volume de ses *Exercices de Mathématiques*, pages 234 et suivantes, que la solution générale de l'équation (26) en nombres entiers est donnée par les trois relations

(28)
$$\xi = br - cn, \quad \eta = cm - ar, \quad \zeta = an - bm,$$

où m, n, r désignent des nombres entiers quelconques. Substituons ces expressions (28) dans les équations de condition (27); celles-ci deviennent

$$\beta_1(an - bm) - \gamma_1(cm - ar) = a,$$
$$\gamma_1(br - cn) - \alpha_1(an - bm) = b,$$
$$\alpha_1(cm - ar) - \beta_1(br - cn) = c;$$

ou, après quelques réductions faciles,

$$- (b\beta_1 + c\gamma_1)m + \beta_1 an + \gamma_1 ar = a,$$
$$\alpha_1 bm - (a\alpha_1 + c\gamma_1)n + b\gamma_1 r = b,$$
$$\alpha_1 cm + \beta_1 cn - (a\alpha_1 + b\beta_1) r = c.$$

Excepté le cas où l'on a simultanément $a = 0$, $b = 0$, $c = 0$, lequel doit être écarté, car il revient à supposer le point ξh, ηk, ζl sur le premier axe, et laisse par conséquent le plan (22) indéterminé, ces trois équations reviennent à une seule et même relation, savoir :

$$(29) \qquad \alpha_i m + \beta_i n + \gamma_i r = 1.$$

Pour la trouver, il suffit de remplacer dans la première des trois équations précédentes $-(\beta_i b + c\gamma_i)$ par sa valeur $a\alpha_i$ tirée de la relation (25), et de diviser le tout par a; dans la seconde, $-(a\alpha_i + c\gamma_i)$ par sa valeur $b\beta_i$ tirée de (25), et de diviser le tout par b; dans la troisième, $-(a\alpha_i + b\beta_i)$ par sa valeur $c\gamma_i$, tirée de (25) et de diviser le tout par c. Or, α_i, β_i, γ_i n'ayant pas de facteurs communs par hypothèse, l'équation (29) peut toujours être résolue en nombres entiers; par conséquent il en est de même des équations (27). Ainsi, nous pouvons toujours prendre un axe à volonté et un plan mené par cet axe, pourvu que tous deux passent par des points matériels, puis trouver dans ce plan une infinité de seconds axes, telles que les valeurs de a, b, c déduites des équations (22), (23), (24) n'aient pas de facteurs communs.

Nous venons de dire que l'équation (29) pouvait toujours être résolue en nombres entiers dès que les trois coefficients α_i, β_i, γ_i n'avaient pas de facteur commun. Cette propriété est démontrée dans tous les traités d'algèbre pour l'équation à deux inconnues

$$(A) \qquad ax + by = c,$$

où la condition essentielle et suffisante de la résolution en nombres entiers est que les coefficients a, b n'aient pas de facteur commun premier à c. Mais nous ne connaissons pas de démonstration semblable pour l'équation à trois inconnues

$$(B) \qquad ax + by + cz = d;$$

toutefois il est facile de la déduire de la première. En effet, soit f le facteur commun à a et à b : il est premier par hypothèse à c, puisque a, b, c n'ont pas de facteur commun ; nous pouvons donc toujours résoudre en nombres entiers l'équation

$$(C) \qquad d - cz = ft \quad \text{ou} \quad d = cz + ft,$$

puisque c et f sont premiers entre eux ; à chaque valeur entière de t répondra une forme particulière de B, savoir :

$$ax + by = ft \quad \text{ou} \quad \frac{a}{f}x + \frac{b}{f}y = t;$$

celle-ci donnera une infinité de solutions entières de x et de y, puisque $\frac{a}{f}$ et $\frac{b}{f}$ sont entiers et premiers entre eux. Donc l'équation (B) admet une infinité de solutions entières quand a, b, c n'ont pas de facteur commun : ce qu'il fallait démontrer. Il est évident aussi que si a, b, c ont un facteur commun f premier à d, l'équation ne peut pas admettre de solutions entières ; car s'il y en avait elle donnerait un premier membre divisible par f, tandis que le second ne le serait pas.

Il est clair que le changement du second axe entraînera celui des deux autres plans coordonnées (23) et (24); mais là n'est pas la question, elle gît tout entière dans la recherche d'un troisième axe conjugué aux deux premiers, de manière à former avec eux les directions des côtés d'un réseau de parallélipipèdes égaux et jointifs dont les sommets soient situés en des points matériels et comprennent tous ceux du corps qui ont déjà déterminé les sommets d'un premier réseau de parallélipipèdes. En conséquence nous envisagerons uniquement le plan (22) dans ce qui va suivre, et nous y supposerons les deux points en dehors de l'origine, choisis de manière que les coefficients soient dépourvus de facteur commun.

Après avoir pris un plan γ', et dans ce plan deux axes qui remplissent les conditions (27), il nous faut trouver un axe des γ' qui rencontre en des points matériels tous les plans parallèles au premier plan γ' et contenant des molécules; car autrement il y aurait évidemment des points matériels en dehors des droites γ' menées par les points matériels du plan γ' pris pour base. Il faudra donc chercher le point matériel le plus rapproché du plan γ' (22), et établir que le nouveau plan γ' mené par ce point contient le point $\alpha_3 h$, $\beta_3 k$, $\gamma_3 l$. Cherchons en conséquence la distance d'un point quelconque M au plan γ' (22).

Tous les traités de géométrie analytique donnent l'expression de la distance d'un point à un plan dans le cas de coordonnées rectangulaires; mais il sont généralement muets sur cette distance dans le cas de coordonnées obliques. Toutefois comme la marche des calculs est la même, nous ne la développerons pas ici, et nous nous bornerons à écrire les formules.

Soient

$$(30) \qquad\qquad ax + by + cz = 0$$

l'équation d'un plan passant à l'origine des coordonnées, et x', y', z' les coordonnées d'un point extérieur M'; soient en outre, pour abréger,

$$(31)\begin{cases} a = a\sin^2\widehat{yz} + b\left(\cos\widehat{yz}\cos\widehat{zx} - \cos\widehat{xy}\right) + c\left(\cos\widehat{xy}\cos\widehat{yz} - \cos\widehat{zx}\right), \\ b = b\sin^2\widehat{zx} + c\left(\cos\widehat{zx}\cos\widehat{xy} - \cos\widehat{yz}\right) + a\left(\cos\widehat{yz}\cos\widehat{zx} - \cos\widehat{xy}\right), \\ c = c\sin^2\widehat{xy} + a\left(\cos\widehat{xy}\cos\widehat{yz} - \cos\widehat{zx}\right) + b\left(\cos\widehat{zx}\cos\widehat{xy} - \cos\widehat{yz}\right), \\ d = c^2\sin^2\widehat{xy} + a^2\sin^2\widehat{yz} + b^2\sin^2\widehat{zx} + 2ac\left(\cos\widehat{xy}\cos\widehat{yz} - \cos\widehat{zx}\right) \\ \qquad + 2bc\left(\cos\widehat{zx}\cos\widehat{xy} - \cos\widehat{yz}\right) + 2ab\left(\cos\widehat{yz}\cos\widehat{zx} - \cos\widehat{xy}\right); \end{cases}$$

nous aurons, pour l'expression de la distance r de M' au plan (30),

$$(32)\ d^2 r^2 = \left(a^2 + b^2 + c^2 + 2ab\cos\widehat{xy} + 2bc\cos\widehat{yz} + 2ca\cos\widehat{zx}\right)(ax' + by' + cz')^2.$$

Quand les axes sont rectangulaires, les cosinus de leurs angles mutuels sont nuls, et les formules ci-dessus deviennent

$$a = a, \quad b = b, \quad c = c, \quad d^2 = a^2 + b^2 + c^2,$$

et

$$r^2 = \frac{(ax' + by' + cz')^2}{a^2 + b^2 + c^2}, \quad \pm r = \frac{ax' + by' + cz'}{\sqrt{a^2 + b^2 + c^2}};$$

ce qui est l'expression de la distance d'un point à un plan passant par l'origine, telle qu'elle est consignée dans les traités élémentaires.

Dans chacune de ces expressions (coordonnées obliques ou coordonnées rectangulaires) un seul facteur varie avec les coordonnées du point extérieur, et il y est le même : c'est $ax' + by' + cz'$; les autres facteurs dépendent uniquement des constantes du plan et du système d'axes. Donc la seule manière de rendre r un minimum en faisant

varier le point extérieur consiste à rendre $ax' + by' + cz'$ un minimum. En mettant dans cette expression les données de la question,
c'est-à-dire $\frac{1}{h}(\beta_1\gamma_2 - \beta_2\gamma_1)$ pour a, $\frac{1}{k}(\gamma_1\alpha_2 - \gamma_2\alpha_1)$ pour b, $\frac{1}{l}(\alpha_1\beta_2 - \alpha_2\beta_1)$
pour c, et $\alpha_3 h$, $\beta_3 k$, $\gamma_3 l$ pour x', y', z', nous trouvons qu'il s'agit de dis-
poser des entiers α_3, β_3, γ_3 de manière à rendre un minimum le poly-
nôme nécessairement entier

$$(\beta_1\gamma_2 - \beta_2\gamma_1)\alpha_3 + (\gamma_1\alpha_2 - \gamma_2\alpha_1)\beta_3 + (\alpha_1\beta_2 - \alpha_2\beta_1)\gamma_3;$$

on ne peut pas toutefois l'égaler à zéro, puisque cette dernière supposition serait écrire que le point M''' est situé sur le plan auquel il est
réellement extérieur. Or le nombre entier le plus petit, en dehors de
zéro, est 1; et puisque les trois coefficients $\beta_1\gamma_2 - \beta_2\gamma_1$, $\gamma_1\alpha_2 - \gamma_2\alpha_1$,
$\alpha_1\beta_2 - \alpha_2\beta_1$ n'ont pas de facteur commun, et qu'on peut en consé-
quence toujours poser

(33) $\qquad (\beta_1\gamma_2 - \beta_2\gamma_1)\alpha_3 + (\gamma_1\alpha_2 - \gamma_2\alpha_1)\beta_3 + (\alpha_1\beta_2 - \alpha_2\beta_1)\gamma_3 = 1,$

ce sera cette équation (33) qui caractérisera le minimum de r, et partant le point cherché de l'axe des γ'. Donc, on peut dire qu'il existe un
nombre infini d'axes γ' *conjugués* à un plan γ' donné, c'est-à-dire parallèles au côté γ' d'un parallélipipède élémentaire dont la base serait
parallèle au plan γ'; mais qu'ils doivent tous remplir la condition analytique (33). Celle-ci est parfaitement symétrique par rapport aux trois
sommets, et l'on y serait tout aussi bien arrivé en partant des équations (23) ou (24). Les conditions qu'elle exprime pour un axe conviennent donc à tous. Ainsi, par exemple, elle eût également pu être
mise sous la forme

$$\alpha_2(\beta_3\gamma_1 - \beta_1\gamma_3) + \beta_2(\gamma_3\alpha_1 - \gamma_1\alpha_3) + \gamma_2(\alpha_3\beta_1 - \alpha_1\beta_3) = 1,$$

et eût alors montré que $\beta_3\gamma_1 - \beta_1\gamma_3$, $\gamma_3\alpha_1 - \gamma_1\alpha_3$, $\alpha_3\beta_1 - \alpha_1\beta_3$ ne
peuvent pas avoir de facteur commun, c'est-à-dire que le plan (24) est
assujetti aux mêmes conditions que le plan (22).

La condition du minimun numérique du premier membre de (33)
serait tout aussi bien remplie en l'égalant à -1 qu'en l'égalant à $+1$;
mais il est évident qu'on retomberait sur le même axe, et qu'on s'en

donnerait le second point du côté des coordonnées négatives au lieu de se le donner du côté des coordonnées positives ; en effet, il suffit de remplacer α_3, β_3, γ_3 par $-\alpha_3$, $-\beta_3$, $-\gamma_3$ pour ramener la relation

$$(\beta_1\gamma_2 - \beta_2\gamma_1)\alpha_3 + (\gamma_1\alpha_2 - \gamma_2\alpha_1)\beta_3 + (\alpha_1\beta_2 - \alpha_2\beta_1)\gamma_3 = -1$$

à la forme (33).

Nous avons cru utile d'exposer longuement un théorème de cette importance, afin d'effacer tout nuage dans l'esprit du lecteur; en effet, nous devons recourir fréquemment par la suite à la relation (33).

17. Éclaircissons par des exemples numériques la méthode que nous venons d'exposer. Supposons à cet effet des molécules disposées comme les sommets d'un réseau de parallélipipèdes égaux et jointifs, et choisissons les trois côtés adjacents de l'un d'eux pour axes des coordonnées; cherchons ensuite un second système d'axes conjugués, en nous donnant pour second point de l'axe des α' celui dont les coordonnées sont

$$h, \quad 3k, \quad 4l;$$

et pour coordonnées du second point de l'axe β',

$$2h, \quad k, \quad 5l.$$

Nous trouverons immédiatement

$$\beta_1\gamma_2 - \beta_2\gamma_1 = 11, \quad \gamma_1\alpha_2 - \gamma_2\alpha_1 = 3, \quad \alpha_1\beta_2 - \alpha_2\beta_1 = -5.$$

Ces quantités n'ont pas de facteur commun; il n'y a donc pas lieu de changer l'axe des β', qu'on peut tenir pour bon. En substituant ces valeurs numériques dans la relation (33), nous aurons, pour déterminer le second point de l'axe de γ', la relation

$$11\alpha_3 + 3\beta_3 - 5\gamma_3 = 1.$$

On peut y donner une valeur quelconque à celle des variables qu'on voudra, γ_3 par exemple, puisque les coefficients 11, 3 et -5 sont tous premiers entre eux. Prenons donc successivement, comme exemples,

$$\gamma_3 = 1 \quad \text{et} \quad \gamma_3 = 3;$$

7

nous aurons les équations

$$11\alpha_3 + 3\beta_3 = 6,$$

et

$$11\alpha_3 + 3\beta_3 = 16,$$

dont les solutions générales sont comprises dans les formules

$$\alpha_3 = 3x, \quad \beta_3 = 2 - 11x$$

pour la première, et

$$\alpha_3 = 3y - 16, \quad \beta_3 = 64 - 11y$$

pour la seconde. Elles nous donneront les séries de points suivants pour déterminer le troisième axe :

La première : $3h, -9k, l;$ $6h, -20k, l;$ $9h, -31k, l;...;$
La seconde : $-16h, 64k, 3l; -13h, 53k, 3l; -10h, 42k, 3l;...$

Ainsi, parmi une infinité de systèmes d'axes conjugués, nous trouverons les suivants :

axe des α': $h, 3k, 4l;$ axe des β': $2h, k, 5l;$ axe des γ': $3h, -9k, l;$
» $h, 3k, 4l;$ » $2h, k, 5l;$ » $6h, -20k, l;$
....
» $h, 3k, 4l;$ » $2h, k, 5l;$ » $-16h, 64k, 3l;$
» $h, 3k, 4l;$ » $2h, k, 5l;$ » $-13h, 53k, 3l;$
....

Supposons encore qu'on se soit donné, pour second point de l'axe des α',

$$3h, 5k, 12l,$$

et pour second point de l'axe des β',

$$h, 3k, 2l;$$

nous aurons

$$\beta_1\gamma_2 - \beta_2\gamma_1 = -26, \quad \gamma_1\alpha_2 - \gamma_2\alpha_1 = 6, \quad \alpha_1\beta_2 - \alpha_2\beta_1 = 4.$$

Les trois coefficients du plan auront donc un facteur commun 2, et le second point ne pourra pas appartenir à un axe conjugué au premier. Mais le plan γ' qu'il donne peut être conservé, et l'équation (29) devient ici

$$3m + 5n + 12r = 1.$$

Parmi les groupes de solutions qu'elle renferme, choisissons celui où $r = o$; elle se réduit alors à

$$3m + 5n = 1,$$

équation dont les solutions sont exprimées par les formules générales

$$m = 2 - 5x, \quad n = 3x - 1.$$

Choisissons, entre plusieurs, la solution $x = o$, $m = 2$, $n = -1$; les formules (28) nous donneront

$$\xi = -cn = 2, \quad \eta = cm = 4, \quad \zeta = an - bm = 7.$$

On vérifie ce groupe de valeurs en s'assurant qu'il satisfait à l'équation du plan; savoir :

$$-13\xi + 3\eta + 2\zeta = o;$$

et l'on pourra prendre, pour le second point de l'axe des β' conjugué à l'axe α' que nous nous sommes donné, les coordonnées $2h$, $4k$, $7l$. Quant à l'équation (33), elle devient

$$13\alpha_2 - 3\beta_2 + 2\gamma_2 = 1.$$

Parmi les nombreuses solutions de cette équation, distinguons le groupe

$$\alpha_2 = 1, \quad \beta_2 = 4, \quad \gamma_2 = o;$$

nous aurons un système d'axes conjugués comprenant l'axe α' et le plan γ' que nous nous sommes donnés; savoir :

axe des α' : h, $3k$, $2l$; axe des β' : $2h$, $4k$, $7l$; axe des γ' : h, $4k$, o.

18. PROBLÈME. — *Trouver les éléments d'un système d'axes conjugués quelconques, quand on connaît ceux du système fondamental d'axes conjugués.*

Nous appelons ici *éléments* les côtés du parallélipipède élémentaire correspondant au nouveau système d'axes et les angles plans des nouveaux axes. Le problème que nous nous proposons est donc l'extension, à un parallélipipède élémentaire quelconque, de celui que, dans le n° 15, nous avons déjà traité pour le parallélipipède élémentaire fondamental.

7.

Substituons aux $\Delta\alpha$, $\Delta\beta$, $\Delta\gamma$ des équations (10) du n° 15, les $\alpha_1 h$, $\beta_1 k$, $\gamma_1 l$, $\alpha_2 h$, $\beta_2 k$,... du n° 16; nous trouverons successivement, en rapportant tout à un système donné de coordonnées rectangulaires,

$$(34)\begin{cases} h'^2 = \alpha_1^2 h^2 \sum \dfrac{df^2}{d\alpha h^2} + \beta_1^2 k^2 \sum \dfrac{df^2}{d\beta k^2} + \gamma_1^2 l^2 \sum \dfrac{df^2}{d\gamma l} \\[2mm] \qquad + 2\alpha_1\beta_1 hk \sum \dfrac{df}{d\alpha h}\dfrac{df}{d\beta k} + 2\beta_1\gamma_1 kl \sum \dfrac{df}{d\beta k}\dfrac{df}{d\gamma l} + 2\gamma_1\alpha_1 lh \sum \dfrac{df}{d\gamma l}\dfrac{df}{d\alpha h}, \\[3mm] k'^2 = \alpha_2^2 h^2 \sum \dfrac{df^2}{d\alpha h^2} + \beta_2^2 k^2 \sum \dfrac{df^2}{d\beta k^2} + \gamma_2^2 l^2 \sum \dfrac{df^2}{d\gamma l} \\[2mm] \qquad + 2\alpha_2\beta_2 hk \sum \dfrac{df}{d\alpha h}\dfrac{df}{d\beta k} + 2\beta_2\gamma_2 kl \sum \dfrac{df}{d\beta k}\dfrac{df}{d\gamma l} + 2\gamma_2\alpha_2 lh \sum \dfrac{df}{d\gamma l}\dfrac{df}{d\alpha h}, \\[3mm] l'^2 = \alpha_3^2 h^2 \sum \dfrac{df^2}{d\alpha h^2} + \beta_3^2 k^2 \sum \dfrac{df^2}{d\beta k^2} + \gamma_3^2 l^2 \sum \dfrac{df^2}{d\gamma l^2} \\[2mm] \qquad + 2\alpha_3\beta_3 hk \sum \dfrac{df}{d\alpha h}\dfrac{df}{d\beta k} + 2\beta_3\gamma_3 kl \sum \dfrac{df}{d\beta k}\dfrac{df}{d\gamma l} + 2\gamma_3\alpha_3 lh \sum \dfrac{df}{d\gamma l}\dfrac{df}{d\alpha h}; \end{cases}$$

$$(35)\begin{cases} h'\cos\widehat{\alpha' x} = \alpha_1 h \dfrac{df}{d\alpha h} + \beta_1 k \dfrac{df}{d\beta k} + \gamma_1 l \dfrac{df}{d\gamma l}, \\[2mm] h'\cos\widehat{\alpha' y} = \alpha_1 h \dfrac{df_1}{d\alpha h} + \beta_1 k \dfrac{df_1}{d\beta k} + \gamma_1 l \dfrac{df_1}{d\gamma l}, \\[2mm] h'\cos\widehat{\alpha' z} = \alpha_1 h \dfrac{df_2}{d\alpha h} + \beta_1 k \dfrac{df_2}{d\beta k} + \gamma_1 l \dfrac{df_2}{d\gamma l}; \end{cases}$$

$$(35\,bis)\begin{cases} k'\cos\widehat{\beta' x} = \alpha_2 h \dfrac{df}{d\alpha h} + \beta_2 k \dfrac{df}{d\beta k} + \gamma_2 l \dfrac{df}{d\gamma l}, \\[2mm] k'\cos\widehat{\beta' y} = \alpha_2 h \dfrac{df_1}{d\alpha h} + \beta_2 k \dfrac{df_1}{d\beta k} + \gamma_2 l \dfrac{df_1}{d\gamma l}, \\[2mm] k'\cos\widehat{\beta' z} = \alpha_2 h \dfrac{df_2}{d\alpha h} + \beta_2 k \dfrac{df_2}{d\beta k} + \gamma_2 l \dfrac{df_2}{d\gamma l}; \end{cases}$$

$$(35\,ter)\begin{cases} l'\cos\widehat{\gamma' x} = \alpha_3 h \dfrac{df}{d\alpha h} + \beta_3 k \dfrac{df}{d\beta k} + \gamma_3 l \dfrac{df}{d\gamma l}, \\[2mm] l'\cos\widehat{\gamma' y} = \alpha_3 h \dfrac{df_1}{d\alpha h} + \beta_3 k \dfrac{df_1}{d\beta k} + \gamma_3 l \dfrac{df_1}{d\gamma l}, \\[2mm] l'\cos\widehat{\gamma' z} = \alpha_3 h \dfrac{df_2}{d\alpha h} + \beta_3 k \dfrac{df_2}{d\beta k} + \gamma_3 l \dfrac{df_2}{d\gamma l}. \end{cases}$$

$$(36) \begin{cases} h'k'\cos\widehat{\alpha'\beta'} = \alpha_1\alpha_2 h^2 \sum \frac{df^2}{d\alpha h^2} + \beta_1\beta_2 k^2 \sum \frac{df^2}{d\beta k^2} + \gamma_1\gamma_2 l^2 \sum \frac{df^2}{d\gamma l^2} \\ \qquad + (\alpha_1\beta_2+\alpha_2\beta_1)hk \sum \frac{df}{d\alpha h}\frac{df}{d\beta k} + (\beta_1\gamma_2+\beta_2\gamma_1)kl \sum \frac{df}{d\beta k}\frac{df}{d\gamma l} + (\gamma_1\alpha_2+\gamma_2\alpha_1)lh \sum \frac{df}{d\gamma l}\frac{df}{d\alpha h}, \\[2mm] k'l'\cos\widehat{\beta'\gamma'} = \alpha_2\alpha_3 h^2 \sum \frac{df^2}{d\alpha h^2} + \beta_2\beta_3 k^2 \sum \frac{df^2}{d\beta k^2} + \gamma_2\gamma_3 l^2 \sum \frac{df^2}{d\gamma l^2} \\ \qquad + (\alpha_2\beta_3+\alpha_3\beta_2)hk \sum \frac{df}{d\alpha h}\frac{df}{d\beta k} + (\beta_2\gamma_3+\beta_3\gamma_2)kl \sum \frac{df}{d\beta k}\frac{df}{d\gamma l} + (\gamma_2\alpha_3+\gamma_3\alpha_2)lh \sum \frac{df}{d\gamma l}\frac{df}{d\alpha h}, \\[2mm] l'h'\cos\widehat{\gamma'\alpha'} = \alpha_3\alpha_1 h^2 \sum \frac{df^2}{d\alpha h^2} + \beta_3\beta_1 k^2 \sum \frac{df^2}{d\beta k^2} + \gamma_3\gamma_1 l^2 \sum \frac{df^2}{d\gamma l^2} \\ \qquad + (\alpha_3\beta_1+\alpha_1\beta_3)hk \sum \frac{df}{d\alpha h}\frac{df}{d\beta k} + (\beta_3\gamma_1+\beta_1\gamma_3)kl \sum \frac{df}{d\beta k}\frac{df}{d\gamma l} + (\gamma_3\alpha_1+\gamma_1\alpha_3)lh \sum \frac{df}{d\gamma l}\frac{df}{d\alpha h}. \end{cases}$$

Toutes ces formules sont rapportées aux données de l'état primitif; on peut les exprimer tout aussi bien en données du parallélipipède élémentaire fondamental. Représentons, en effet, par h, k; l, les trois côtés du parallélipipède élémentaire fondamental, et par a, b, c, les trois angles que font respectivement entre eux les côtés k et l, l et h, h et k; nous aurons, en remontant aux formules (14) à (17) et en y appliquant nos nouvelles notations,

$$(37) \qquad h^2 = h^2 \sum \frac{df^2}{d\alpha h^2}, \qquad k^2 = k^2 \sum \frac{df^2}{d\beta k^2}, \qquad l^2 = l^2 \sum \frac{df^2}{d\gamma l^2};$$

$$(38) \begin{cases} \cos a = \dfrac{\sum \dfrac{df}{d\beta k}\dfrac{df}{d\gamma l}}{\left(\sum \dfrac{df^2}{d\beta k^2}\right)^{\frac{1}{2}}\left(\sum \dfrac{df^2}{d\gamma l^2}\right)^{\frac{1}{2}}}, \qquad \cos b = \dfrac{\sum \dfrac{df}{d\gamma l}\dfrac{df}{d\alpha h}}{\left(\sum \dfrac{df^2}{d\gamma l^2}\right)^{\frac{1}{2}}\left(\sum \dfrac{df^2}{d\alpha h^2}\right)^{\frac{1}{2}}}, \\[6mm] \qquad\qquad \cos c = \dfrac{\sum \dfrac{df}{d\alpha h}\dfrac{df}{d\beta k}}{\left(\sum \dfrac{df^2}{d\alpha h^2}\right)^{\frac{1}{2}}\left(\sum \dfrac{df^2}{d\beta k^2}\right)^{\frac{1}{2}}}. \end{cases}$$

Substituons ces expressions dans les formules (34) et (36); elles deviendront

$$(39)\begin{cases} h'^2 = \alpha_1^2 h^2 + \beta_1^2 k^2 + \gamma_1^2 l^2 + 2\alpha_1\beta_1 hk\cos c + 2\beta_1\gamma_1 kl\cos a + 2\gamma_1\alpha_1 lh\cos b, \\ k'^2 = \alpha_2^2 h^2 + \beta_2^2 k^2 + \gamma_2^2 l^2 + 2\alpha_2\beta_2 hk\cos c + 2\beta_2\gamma_2 kl\cos a + 2\gamma_2\alpha_2 lh\cos b, \\ l'^2 = \alpha_3^2 h^2 + \beta_3^2 k^2 + \gamma_3^2 l^2 + 2\alpha_3\beta_3 hk\cos c + 2\beta_3\gamma_3 kl\cos a + 2\gamma_3\alpha_3 lh\cos b; \end{cases}$$

$$(40)\begin{cases} h'k'\cos\widehat{\alpha'\beta'} = \alpha_1\alpha_2 h^2 + \beta_1\beta_2 k^2 + \gamma_1\gamma_2 l^2 \\ \qquad + (\alpha_1\beta_2 + \alpha_2\beta_1)hk\cos c + (\beta_1\gamma_2 + \beta_2\gamma_1)kl\cos a + (\gamma_1\alpha_2 + \gamma_2\alpha_1)lh\cos b, \\ k'l'\cos\widehat{\beta'\gamma'} = \alpha_2\alpha_3 h^2 + \beta_2\beta_3 k^2 + \gamma_2\gamma_3 l^2 \\ \qquad + (\alpha_2\beta_3 + \alpha_3\beta_2)hk\cos c + (\beta_2\gamma_3 + \beta_3\gamma_2)kl\cos a + (\gamma_2\alpha_3 + \gamma_3\alpha_2)lh\cos b, \\ l'h'\cos\widehat{\gamma'\alpha'} = \alpha_3\alpha_1 h^2 + \beta_3\beta_1 k^2 + \gamma_3\gamma_1 l^2 \\ \qquad + (\alpha_3\beta_1 + \alpha_1\beta_3)hk\cos c + (\beta_3\gamma_1 + \beta_1\gamma_3)kl\cos a + (\gamma_3\alpha_1 + \gamma_1\alpha_3)lh\cos b. \end{cases}$$

Si nous appliquons ces formules aux exemples traités dans l'article précédent, en y supposant rectangulaires les systèmes d'axes d'où nous sommes partis, nous trouverons :

Pour le premier Problème :

$h'^2 = h^2 + 9k^2 + 16l^2,$ $k'^2 = 4h^2 + k^2 + 25l^2,$ $l'^2 = 9h^2 + 81k^2 + l^2,$

$h'k'\cos\widehat{\alpha'\beta'} = 2h^2 + 3k^2 + 20l^2,$ $k'l'\cos\widehat{\beta'\gamma'} = 6h^2 - 9k^2 + 5l^2,$ $l'h'\cos\widehat{\gamma'\alpha'} = 3h^2 - 27k^2 + 4l^2;$

$h'^2 = h^2 + 9k^2 + 16l^2,$ $k'^2 = 4h^2 + k^2 + 25l^2,$ $l'^2 = 36h^2 + 400k^2 + l^2,$

$h'k'\cos\widehat{\alpha'\beta'} = 2h^2 + 3k^2 + 20l^2,$ $k'l'\cos\widehat{\beta'\gamma'} = 12h^2 - 20k^2 + 5l^2,$ $l'h'\cos\widehat{\gamma'\alpha'} = 6h^2 - 60k^2 + 4l^2;$

....

$h'^2 = h^2 + 9k^2 + 16l^2,$ $k'^2 = 4h^2 + k^2 + 25l^2,$ $l'^2 = 256h^2 + 4096k^2 + 9l^2,$

$h'k'\cos\widehat{\alpha'\beta'} = 2h^2 + 3k^2 + 20l^2,$ $k'l'\cos\widehat{\beta'\gamma'} = -32h^2 + 64k^2 + 15l^2,$ $l'h'\cos\widehat{\gamma'\alpha'} = -16h^2 + 192k^2 + 12l^2;$

$h'^2 = h^2 + 9k^2 + 16l^2,$ $k'^2 = 4h^2 + k^2 + 25l^2,$ $l'^2 = 169h^2 + 2809k^2 + 9l^2,$

$h'k'\cos\widehat{\alpha'\beta'} = 2h^2 + 3k^2 + 20l^2,$ $k'l'\cos\widehat{\beta'\gamma'} = -26h^2 + 53k^2 + 15l^2,$ $l'h'\cos\widehat{\gamma'\alpha'} = -13h^2 + 159k^2 + 12l^2;$

....

Pour le second Problème :

$h'^2 = h^2 + 9k^2 + 4l^2,$ $k'^2 = 4h^2 + 16k^2 + 49l^2$ $l'^2 = h^2 + 16k^2,$

$h'k'\cos\widehat{\alpha'\beta'} = 2h^2 + 12k^2 + 14l^2,$ $k'l'\cos\widehat{\beta'\gamma'} = 2h^2 + 16k^2,$ $l'h'\cos\widehat{\gamma'\alpha'} = h^2 + 12k^2;$

....

19. Problème. — *Trouver les relations qui unissent entre elles les coordonnées d'un point rapporté à deux systèmes différents d'axes conjugués.*

Comparons d'abord entre elles les coordonnées du système d'axes conjugués fondamentaux et les coordonnées d'un système quelconque d'axes conjugués. Désignons à cet effet les éléments du système fondamental par h, k, l, a, b, c comme dans le numéro précédent, et ceux du système quelconque par h', k', l', $\widehat{\alpha'\beta'}$, $\widehat{\beta'\gamma'}$, $\widehat{\gamma'\alpha'}$, α_1, β_1, γ_1, α_2, β_2, γ_2, α_3, β_3, γ_3; enfin appelons ah, bk, cl les coordonnées d'un point quelconque M rapporté au système fondamental, et $a'h'$, $b'k'$, $c'l'$ les coordonnées du même point rapporté au système quelconque d'axes conjugués. Soit O l'origine commune; chaque système d'axes donnera une valeur de $\overline{OM}^2$ qui devra être nécessairement la même. En les égalant, nous aurons

$$a^2h^2 + b^2k^2 + c^2l^2 + 2abhk\cos c + 2bckl\cos a + 2calh\cos h$$
$$= a'^2h'^2 + b'^2k'^2 + c'^2l'^2 + 2a'b'h'k'\cos\widehat{\alpha'\beta'} + 2b'c'k'l'\cos\widehat{\beta'\gamma'}$$
$$+ 2c'a'l'h'\cos\widehat{\gamma'\alpha'}.$$

Remplaçons, dans le second membre, h'^2, k'^2, l'^2,... par leurs valeurs (39) et (40); ordonnons par rapport à h^2, k^2,..., et égalons les coefficients des mêmes quantités dans les deux membres, ce qui est nécessaire pour que l'équation ait lieu indépendamment de h^2, k^2, l^2,...; nous trouverons

$$a^2 = a'^2\alpha_1^2 + b'^2\alpha_2^2 + c'^2\alpha_3^2 + 2a'b'\alpha_1\alpha_2 + 2b'c'\alpha_2\alpha_3 + 2c'a'\alpha_3\alpha_1,$$

$$b^2 = a'^2\beta_1^2 + b'^2\beta_2^2 + c'^2\beta_3^2 + 2a'b'\beta_1\beta_2 + 2b'c'\beta_2\beta_3 + 2c'a'\beta_3\beta_1.$$

$$c^2 = a'^2\gamma_1^2 + b'^2\gamma_2^2 + c'^2\gamma_3^2 + 2a'b'\gamma_1\gamma_2 + 2b'c'\gamma_2\gamma_3 + 2c'a'\gamma_3\gamma_1,$$

$$ab = a'^2\alpha_1\beta_1 + b'^2\alpha_2\beta_2 + c'^2\alpha_3\beta_3$$
$$+ a'b'(\alpha_1\beta_2 + \alpha_2\beta_1) + b'c'(\alpha_2\beta_3 + \alpha_3\beta_2) + c'a'(\alpha_3\beta_1 + \alpha_1\beta_3),$$

$$bc = a'^2\beta_1\gamma_1 + b'^2\beta_2\gamma_2 + c'^2\beta_3\gamma_3$$
$$+ a'b'(\beta_1\gamma_2 + \beta_2\gamma_1) + b'c'(\beta_2\gamma_3 + \beta_3\gamma_2) + c'a'(\beta_3\gamma_1 + \beta_1\gamma_3),$$

$$ca = a'^2\gamma_1\alpha_1 + b'^2\gamma_2\alpha_2 + c'^2\gamma_3\alpha_3$$
$$+ a'b'(\gamma_1\alpha_2 + \gamma_2\alpha_1) + b'c'(\gamma_2\alpha_3 + \gamma_3\alpha_2) + c'a'(\gamma_3\alpha_1 + \gamma_1\alpha_3).$$

Les seconds membres des trois premières équations sont des carrés comme les premiers membres, et les seconds membres des trois dernières équations sont des produits comme leurs premiers membres; en sorte que ces six équations se réduisent aux trois suivantes, toutes du premier degré, et où les premiers membres devront être pris tous les trois à la fois avec le signe + ou avec le signe — :

$$(41) \quad a = a'\alpha_1 + b'\alpha_2 + c'\alpha_3, \quad b = a'\beta_1 + b'\beta_2 + c'\beta_3, \quad c = a'\gamma_1 + b'\gamma_2 + c'\gamma_3.$$

Appliquons à ces équations les formules de résolution des équations déterminées du premier degré à trois inconnues; nous trouverons pour le dénominateur commun

$$\alpha_1\beta_2\gamma_3 - \alpha_1\beta_3\gamma_2 + \alpha_2\beta_3\gamma_1 - \alpha_3\beta_2\gamma_1 + \alpha_3\beta_1\gamma_2 - \alpha_1\beta_3\gamma_2,$$

c'est-à-dire 1, d'après l'équation (33), puisque le système d'axes est conjugué. Les valeurs de a', b', c' seront donc égales aux numérateurs et données par les équations suivantes, où nous avons supposé les premiers membres des relations (41) pris avec le signe + :

$$(42) \quad \begin{cases} a' = a\beta_2\gamma_3 - \alpha_2 b\gamma_3 + \alpha_2\beta_3 c - \alpha_3\beta_2 c + \alpha_3 b\gamma_2 - a\beta_3\gamma_2, \\ b' = \alpha_1 b\gamma_3 - a\beta_1\gamma_3 + a\beta_3\gamma_1 - \alpha_3 b\gamma_1 + \alpha_3\beta_1 c - \alpha_1\beta_3 c, \\ c' = \alpha_1\beta_2 c - \alpha_2\beta_1 c + \alpha_2 b\gamma_1 - a\beta_2\gamma_1 + a\beta_1\gamma_2 - \alpha_1 b\gamma_2. \end{cases}$$

Elles seront entières toutes les fois que a, b, c le seront, et fractionnaires, au moins en partie, quand il en sera de même pour a, b, c. C'est évidemment ce qui doit avoir lieu.

Maintenant, il est facile de trouver les relations qui existent entre les coordonnées de deux systèmes quelconques. Soient α'_1, β'_1, γ'_1, α'_2, β'_2, γ'_2, α'_3, β'_3, γ'_3, a'', b'', c'' les nombres correspondant au point M dans ce nouveau système; on aura, en appliquant les équations (42),

$$a'' = a\beta'_2\gamma'_3 - \alpha'_2 b\gamma'_3 + \alpha'_2\beta'_3 c - \alpha'_3\beta'_2 c + \alpha'_3 b\gamma'_2 - a\beta'_3\gamma'_2,$$
$$b'' = \alpha'_1 b\gamma'_3 - a\beta'_1\gamma'_3 + a\beta'_3\gamma'_1 - \alpha'_3 b\gamma'_1 + \alpha'_3\beta'_1 c - \alpha'_1\beta'_3 c,$$
$$c'' = \alpha'_1\beta'_2 c - \alpha'_2\beta'_1 c + \alpha'_2 b\gamma'_1 - a\beta'_2\gamma'_1 + a\beta'_1\gamma'_2 - \alpha'_1 b\gamma'_2.$$

Remplaçons, dans ces équations, a, b, c au moyen des formules (41);

nous aurons

$$
(43)\begin{cases}
a'' = a'[\alpha_1(\beta'_2\gamma'_3 - \beta'_3\gamma'_2) + \beta_1(\alpha'_3\gamma'_2 - \alpha'_2\gamma'_3) + \gamma_1(\alpha'_2\beta'_3 - \alpha'_3\beta'_2)] \\
\quad + b'[\alpha_2(\beta'_2\gamma'_3 - \beta'_3\gamma'_2) + \beta_2(\alpha'_3\gamma'_2 - \alpha'_2\gamma'_3) + \gamma_2(\alpha'_2\beta'_3 - \alpha'_3\beta'_2)] \\
\quad + c'[\alpha_3(\beta'_2\gamma'_3 - \beta'_3\gamma'_2) + \beta_3(\alpha'_3\gamma'_2 - \alpha'_2\gamma'_3) + \gamma_3(\alpha'_2\beta'_3 - \alpha'_3\beta'_2)], \\
\\
b'' = a'[\alpha_1(\beta'_3\gamma'_1 - \beta'_1\gamma''_3) + \beta_1(\alpha'_1\gamma'_3 - \alpha'_3\gamma'_1) + \gamma_1(\alpha'_3\beta'_1 - \alpha'_1\beta'_3)] \\
\quad + b'[\alpha_2(\beta'_3\gamma'_1 - \beta'_1\gamma'_3) + \beta_2(\alpha'_1\gamma'_3 - \alpha'_3\gamma'_1) + \gamma_2(\alpha'_3\beta'_1 - \alpha'_1\beta'_3)] \\
\quad + c'[\alpha_3(\beta'_3\gamma'_1 - \beta'_1\gamma'_3) + \beta_3(\alpha'_1\gamma'_3 - \alpha'_3\gamma'_1) + \gamma_3(\alpha'_3\beta'_1 - \alpha'_1\beta'_3)], \\
\\
c'' = a'[\alpha_1(\beta'_1\gamma'_2 - \beta'_2\gamma'_1) + \beta_1(\alpha'_2\gamma'_1 - \alpha'_1\gamma'_2) + \gamma_1(\alpha'_1\beta'_2 - \alpha'_2\beta'_1)] \\
\quad + b'[\alpha_2(\beta'_1\gamma'_2 - \beta'_2\gamma'_1) + \beta_2(\alpha'_2\gamma'_1 - \alpha'_1\gamma'_2) + \gamma_2(\alpha'_1\beta'_2 - \alpha'_2\beta'_1)] \\
\quad + c'[\alpha_3(\beta'_1\gamma'_2 - \beta'_2\gamma'_1) + \beta_3(\alpha'_2\gamma'_1 - \alpha'_1\gamma'_2) + \gamma_3(\alpha'_1\beta'_2 - \alpha'_2\beta'_1)].
\end{cases}
$$

Ainsi qu'on devait s'y attendre, ces formules se réduisent évidemment à $a'' = a'$, $b'' = b'$, $c'' = c'$, quand on y supprime les accents de α, β, γ; c'est-à-dire quand on y identifie les deux systèmes d'axes. En effet, alors les coefficients de a', b', c' dans le premier terme de a'', dans le second de b'', et dans le troisième de c'', se réduisent à l'unité en vertu de l'équation (33), et les autres coefficients s'annulent, attendu qu'ils sont composés de termes égaux deux à deux et de signes contraires.

20. Problème. — *Trouver l'expression de la distance de deux points : 1° dans le système fondamental d'axes conjugués ; 2° dans un système quelconque d'axes conjugués.*

L'expression générale de la distance de deux points est, comme on sait, avec les coordonnées obliques et nos notations pour le système fondamental d'axes conjugués :

$$
(44)\begin{cases}
r^2 = (a - a_1)^2 h^2 + (b - b_1)^2 k^2 + (c - c_1)^2 l^2 + 2(a - a_1)(b - b_1) hk \cos c \\
\quad + 2(b - b_1)(c - c_1) kl \cos a + 2(c - c_1)(a - a_1) lh \cos b.
\end{cases}
$$

Cette expression convient tout aussi bien à tout autre système d'axes conjugués; il suffit, en effet, ou de changer de système fondamental, ou de remplacer h, k, l, a, b, c par h', k', l', $\widehat{\alpha'\beta'}$, $\widehat{\beta'\gamma'}$, $\widehat{\gamma'\alpha'}$. Mais, si l'on veut passer d'un système à un autre, on substituera les valeurs (41)

8

dans cette expression (44), et l'on aura

$$
(45)
\left\{
\begin{aligned}
r^2 =\ & [\alpha_1(a'-a'_1)+\alpha_2(b'-b'_1)+\alpha_3(c'-c'_1)]^2\, h^2 \\
& + [\beta_1(a'-a'_1)+\beta_2(b'-b'_1)+\beta_3(c'-c'_1)]^2\, k^2 \\
& + [\gamma_1(a'-a'_1)+\gamma_2(b'-b'_1)+\gamma_3(c'-c'_1)]^2\, l^2 \\
& + 2\,[\alpha_1(a'-a'_1)+\alpha_2(b'-b'_1)+\alpha_3(c'-c'_1)] \\
& \qquad \times [\beta_1(a'-a'_1)+\beta_2(b'-b'_1)+\beta_3(c'-c'_1)]\ hk\cos c \\
& + 2\,[\beta_1(a'-a'_1)+\beta_2(b'-b'_1)+\beta_3(c'-c'_1)] \\
& \qquad \times [\gamma_1(a'-a'_1)+\gamma_2(b'-b'_1)+\gamma_3(c'-c'_1)]\ kl\cos a \\
& + 2\,[\beta_1(a'-a'_1)+\beta_2(b'-b'_1)+\gamma_3(c'-c'_1)] \\
& \qquad \times [\alpha_1(a'-a'_1)+\beta_2(b'-b'_1)+\alpha_3(c'-c'_1)]\ lh\cos b.
\end{aligned}
\right.
$$

21. Théorème. — *Tous les parallélipipèdes appuyés au même sommet et appartenant au même système de points matériels ont un même volume.*

Soient a, b, c les trois projections rectangulaires du premier côté d'un parallélipipède quelconque, a', b', c' celles d'un second côté et a'', b'', c'' celles du troisième; le volume des parallélipipèdes est donné par la formule connue

$$ ab'c'' - ab''c' + a''bc' - a''b'c + a'b''c - a'bc''. $$

Il s'agit de l'appliquer au parallélipipède élémentaire. Remontons aux formules (10); conservons les lettres α, β, γ pour le point M, et employons α_1, β_1, γ_1 pour désigner les $\Delta\alpha$, $\Delta\beta$, $\Delta\gamma$ du point M' qui doivent être entiers, α_2, β_2, γ_2 pour les $\Delta\alpha$, $\Delta\beta$, $\Delta\gamma$ du point M'', et enfin α_3, β_3, γ_3 pour les $\Delta\alpha$, $\Delta\beta$, $\Delta\gamma$ du point M''' qui, tous aussi, doivent être entiers. D'après cela, les formules (10) nous donnent pour les projections orthogonales des trois côtés du parallélipipède élémentaire :

$$ a = \frac{df}{d\alpha h}\,\alpha_1 h + \frac{df}{d\beta k}\,\beta_1 k + \frac{df}{d\gamma l}\,\gamma_1 l, $$

$$ b = \frac{df_1}{d\alpha h}\,\alpha_1 h + \frac{df_1}{d\beta k}\,\beta_1 k + \frac{df_1}{d\gamma l}\,\gamma_1 l, $$

$$ c = \frac{df_2}{d\alpha h}\,\alpha_1 h + \frac{df_2}{d\beta k}\,\beta_1 k + \frac{df_2}{d\gamma l}\,\gamma_1 l; $$

$$a' = \frac{df}{d\alpha\gamma}\,\alpha_2\,h + \frac{df}{d\beta k}\,\beta_2\,k + \frac{df}{d\gamma l}\,\gamma_2\,l,$$

$$b' = \frac{df_1}{d\alpha h}\,\alpha_2\,h + \frac{df_1}{d\beta k}\,\beta_2\,k + \frac{df_1}{d\gamma l}\,\gamma_2\,l,$$

$$c' = \frac{df_2}{d\alpha h}\,\alpha_2\,h + \frac{df_2}{d\beta k}\,\beta_2\,k + \frac{df_2}{d\gamma l}\,\gamma_2\,l;$$

$$a'' = \frac{df}{d\alpha h}\,\alpha_3\,h + \frac{df}{d\beta k}\,\beta_3\,k + \frac{df}{d\gamma l}\,\gamma_3\,l,$$

$$b'' = \frac{df_1}{d\alpha h}\,\alpha_3\,h + \frac{df_1}{d\beta k}\,\beta_3\,k + \frac{df_1}{d\gamma l}\,\gamma_3\,l,$$

$$c'' = \frac{df_2}{d\alpha h}\,\alpha_3\,h + \frac{df_2}{d\beta k}\,\beta_3\,k + \frac{df_2}{d\gamma l}\,\gamma_3\,l.$$

Substituons ces valeurs dans l'expression du volume du parallélipipède, effectuons les calculs, effaçons les quantités qui se détruisent, et ajoutons celles qui ont des facteurs communs; nous trouverons pour le volume du parallélipipède élémentaire :

$$\left\{ \begin{array}{l} \dfrac{df}{d\alpha h}\dfrac{df_1}{d\beta k}\dfrac{df_2}{d\gamma l} - \dfrac{df}{d\alpha h}\dfrac{df_1}{d\gamma l}\dfrac{df_2}{d\beta k} + \dfrac{df}{d\gamma l}\dfrac{df_1}{d\alpha h}\dfrac{df_2}{d\beta k} \\[2mm] - \dfrac{df}{d\gamma l}\dfrac{df_1}{d\beta k}\dfrac{df_2}{d\alpha h} + \dfrac{df}{d\beta k}\dfrac{df_1}{d\gamma l}\dfrac{df_2}{d\alpha h} - \dfrac{df}{d\beta k}\dfrac{df_1}{d\alpha h}\dfrac{df_2}{d\gamma l} \end{array} \right\} \left\{ \begin{array}{l} \alpha_1\beta_2\gamma_3 - \alpha_1\beta_3\gamma_2 + \alpha_3\beta_1\gamma_2 \\[2mm] -\alpha_3\beta_2\gamma_1 + \alpha_2\beta_3\gamma_1 - \alpha_2\beta_1\gamma_3 \end{array} \right\} hkl.$$

Mais ce parallélipipède est élémentaire, par conséquent assujetti à la condition (33); donc, quel que soit le parallélipipède élémentaire considéré autour du sommet M, pourvu qu'il appartienne à la même famille, c'est-à-dire au même système de points matériels, et que, par suite, h, k, l et les fonctions (8) y soient les mêmes, son volume est constant, c'est-à-dire indépendant de α_1, β_1, γ_1, α_2, β_2, γ_2, α_3, β_3, γ_3; car son second facteur, le seul qui contienne ces quantités, est égal à l'unité d'après l'équation (33), et l'expression du volume se réduit à

$$(46) \quad \left\{ \begin{array}{l} \left(\dfrac{df}{d\alpha h}\dfrac{df_1}{d\beta k}\dfrac{df_2}{d\gamma l} - \dfrac{df}{d\alpha h}\dfrac{df_1}{d\gamma l}\dfrac{df_2}{d\beta k} + \dfrac{df}{d\gamma l}\dfrac{df_1}{d\alpha h}\dfrac{df_2}{d\beta k} \right. \\[2mm] \left. - \dfrac{df}{d\gamma l}\dfrac{df_1}{d\beta k}\dfrac{df_2}{d\alpha h} + \dfrac{df}{d\beta k}\dfrac{df_1}{d\gamma l}\dfrac{df_2}{d\alpha h} - \dfrac{df}{d\beta k}\dfrac{df_1}{d\alpha h}\dfrac{df_2}{d\gamma l} \right) hkl. \end{array} \right.$$

C'est ce qu'il fallait démontrer.

8.

22. PROBLÈME. — *Trouver les parallélipipèdes élémentaires rectangulaires qui peuvent exister dans une famille de parallélipipèdes élémentaires.*

Ce problème peut être posé sous deux formes différentes : 1° celle où la relation ou les relations données entre les côtés et les angles d'un parallélipipède, qu'on supposera être le fondamental, sont littérales ; 2° celle où les relations dont il s'agit sont numériques.

1° Supposons que le parallélipipède donné, qu'on prendra pour fondamental, soit rectangulaire ; alors

$$\cos a = 0, \quad \cos b = 0, \quad \cos c = 0;$$

et les équations (40) deviendront, pour un autre parallélipipède quelconque,

$$(47) \quad \begin{cases} h'h' \cos\widehat{\alpha'\beta'} = \alpha_1\alpha_2 h^2 + \beta_1\beta_2 k^2 + \gamma_1\gamma_1 l^2, \\ h'l' \cos\widehat{\beta'\gamma'} = \alpha_2\alpha_3 h^2 + \beta_2\beta_3 k^2 + \gamma_2\gamma_3 l^2, \\ l'h' \cos\widehat{\gamma'\alpha'} = \alpha_3\alpha_1 h^2 + \beta_3\beta_1 k^2 + \gamma_3\gamma_1 l^2. \end{cases}$$

Les premiers membres de ces équations ne peuvent être simultanément nuls indépendamment de h, k, l, qu'à la condition que deux des trois quantités α_1, α_2, α_3, deux des trois quantités β_1, β_2, β_3, et deux des trois quantités γ_1, γ_2, γ_3 soient nulles à la fois, la troisième restant quelconque ; de plus, ces neuf quantités sont assujetties à la condition (33) : c'est dire qu'il ne peut pas y avoir d'autre parallélipipède rectangulaire que le parallélipipède fondamental dont les côtés recevraient les mêmes désignations, ou les désignations interverties. Il n'y a donc en réalité qu'un parallélipipède rectangulaire distinct correspondant à une famille donnée de parallélipipèdes où l'on suppose h, k, l quelconques ; et quand le parallélipipède qu'on s'est donné est rectangulaire, on n'a pas besoin d'en chercher d'autres. Mais nous devons nous demander si l'on ne peut pas obtenir d'autres valeurs de α, β, γ en égalant à zéro les seconds membres des relations (47) et y supposant à h, k, l des valeurs convenables. Observons qu'alors $\frac{k^2}{h^2}$ et $\frac{l^2}{h^2}$ doivent forcément être rationnels et positifs ; car on peut, au moyen des équations

$$(48) \quad \begin{cases} \alpha_1\alpha_2\,h^2 + \beta_1\beta_2\,k^2 + \gamma_1\gamma_2\,l^2 = 0, \\ \alpha_2\alpha_3\,h^2 + \beta_2\beta_3\,k^2 + \gamma_2\gamma_3\,l^2 = 0, \\ \alpha_3\alpha_1\,h^2 + \beta_3\beta_1\,k^2 + \gamma_3\gamma_1\,l^2 = 0, \end{cases}$$

où l'on ne suppose plus nuls les coefficients de h^2, k^2, l^2, exprimer $\frac{k^2}{h^2}$ et $\frac{l^2}{h^2}$ en fractions de quantités entières, et d'ailleurs h, k, l sont nécessairement réels et positifs. Nous pouvons donc supposer $\frac{k^2}{h^2} = \frac{\varpi_1}{\varpi}$, $\frac{l^2}{h^2} = \frac{\varpi_2}{\varpi}$, ϖ étant le plus petit dénominateur commun aux deux fractions, et substituer aux équations précédentes celles que voici :

$$(49) \quad \begin{cases} \varpi\alpha_1\alpha_2 + \varpi_1\beta_1\beta_2 + \varpi_2\gamma_1\gamma_2 = 0, \\ \varpi\alpha_2\alpha_3 + \varpi_1\beta_2\beta_3 + \varpi_2\gamma_2\gamma_3 = 0, \\ \varpi\alpha_3\alpha_1 + \varpi_1\beta_3\beta_1 + \varpi_2\gamma_3\gamma_1 = 0. \end{cases}$$

Il s'agit de chercher si l'on peut trouver des valeurs entières de α_1, α_2, α_3, β_1, β_2, β_3, γ_1, γ_2, γ_3 qui satisfassent à ces trois équations. Appliquons la formule (28) à la première (49); nous trouverons

$$(50) \quad \alpha_1 = \varpi_1\beta_1\,r - \varpi_2\gamma_1\,n, \quad \beta_1 = \varpi_2\gamma_1\,m - \varpi\alpha_1\,r, \quad \gamma_1 = \varpi\alpha_1\,n - \varpi_1\beta_1\,m.$$

Substituons ces valeurs dans la seconde (49); elle deviendra

$$(\varpi_1\beta_1\,r - \varpi_2\gamma_1\,n)\varpi\alpha_3 + (\varpi_2\gamma_1\,m - \varpi\alpha_1\,r)\varpi_1\beta_3 + (\varpi\alpha_1\,n - \varpi_1\beta_1\,m)\varpi_2\gamma_3 = 0;$$

et, par une nouvelle application de la formule (28), nous en tirerons

$$(51) \quad \begin{cases} \alpha_3 = (\varpi_2\gamma_1\,m - \varpi\,\alpha_1\,r)\varpi_1\,l' - (\varpi\,\alpha_1\,n - \varpi_1\beta_1\,m)\varpi_2 n', \\ \beta_3 = (\varpi\,\alpha_1\,n - \varpi_1\beta_1\,m)\varpi_2\,m' - (\varpi_1\beta_1\,r - \varpi_2\gamma_1\,n\,)\varpi\,r', \\ \gamma_3 = (\varpi_1\beta_1\,r - \varpi_2\gamma_1\,n)\varpi\,n' - (\varpi_2\gamma_1\,m - \varpi\,\alpha_1\,r\,)\varpi_1 m'. \end{cases}$$

Substituons ces valeurs dans la troisième (49); nous trouverons

$$\begin{aligned} &[\varpi_2\gamma_1(\alpha_1 m + \beta_1 n) - (\varpi\,\alpha_1^2 + \varpi_1\beta_1^2)\,r\,]\varpi\,\varpi_1 r' \\ &+ [\varpi_1\beta_1(\alpha_1 m + \gamma_1 r) - (\varpi\,\alpha_1^2 + \varpi_2\gamma_1^2)n\,]\varpi\,\varpi_2 n' \\ &+ [\varpi\,\alpha_1(\beta_1 n + \gamma_1 r) - (\varpi_1\beta_1^2 + \varpi_2\gamma_1^2)m\,]\varpi_1\varpi_2 m' = 0. \end{aligned}$$

Appliquons encore les formules (28); nous obtiendrons pour solutions de cette équation

$$m' = [\varpi_1\beta_1(\alpha_1 m + \gamma_1 r) - (\varpi \alpha_1^2 + \varpi_2\gamma_1^2)n]\varpi \varpi_2 r''$$
$$- [\varpi_2\gamma_1(\alpha_1 m + \beta_1 n) - (\varpi \alpha_1^2 + \varpi_1\beta_1^2)r]\varpi \varpi_1 n'',$$
$$n' = [\varpi_2\gamma_1(\alpha_1 m + \beta_1 n) - (\varpi \alpha_1^2 + \varpi_1\beta_1^2)r]\varpi \varpi_1 m''$$
$$- [\varpi \alpha_1(\beta_1 n + \gamma_1 r) - (\varpi_1\beta_1^2 + \varpi_2\gamma_1^2)m]\varpi_1\varpi_2 r'',$$
$$r' = [\varpi \alpha_1(\beta_1 n + \gamma_1 r) - (\varpi_1\beta_1^2 + \varpi_2\gamma_1^2)m]\varpi_1\varpi_2 n''$$
$$- [\varpi_1\beta_1(\alpha_1 m + \gamma_1 r) - (\varpi \alpha_1^2 + \varpi_2\gamma_1^2)n]\varpi \varpi_2 m''.$$

Substituons ces valeurs dans les expressions (51); nous trouverons, pour valeurs de α_3, β_3, γ_3 satisfaisant à la fois aux trois équations (49), concurremment avec celles de α_2, β_2, γ_2, les expressions suivantes :

$$(52) \begin{cases} \alpha_3 = \varpi_1\varpi_2\varphi \ [(\varpi_1\beta_1 r - \varpi_2\gamma_1 n)\varpi m'' \\ \qquad + (\varpi_2\gamma_1 m - \varpi\alpha_1 r)\varpi_1 n'' + (\varpi\alpha_1 n - \varpi_1\beta_1 m)\varpi_2 r''], \\ \beta_3 = \varpi_2\varpi \varphi'[(\varpi_1\beta_1 r - \varpi_2\gamma_1 n)\varpi m'' \\ \qquad + (\varpi_2\gamma_1 m - \varpi\alpha_1 r)\varpi_1 n'' + (\varpi\alpha_1 n - \varpi_1\beta_1 m)\varpi_2 r''], \\ \gamma_3 = \varpi \varpi_1\varphi''[(\varpi_1\beta_1 r - \varpi_2\gamma_1 n)\varpi m'' \\ \qquad + (\varpi_2\gamma_1 m - \varpi\alpha_1 r)\varpi_1 n'' + (\varpi\alpha_1 n - \varpi_1\beta_1 m)\varpi_2 r'']; \end{cases}$$

où l'on a posé, pour abréger,

$$(53) \begin{cases} \varphi = \varpi\alpha_1(\beta_1 n + \gamma_1 r) - (\varpi_1\beta_1^2 + \varpi_2\gamma_1^2)m, \\ \varphi' = \varpi_1\beta_1(\gamma_1 r + \alpha_1 m) - (\varpi_2\gamma_1^2 + \varpi\alpha_1^2)n, \\ \varphi'' = \varpi_2\gamma_1(\alpha_1 m + \beta_1 n) - (\varpi\alpha_1^2 + \varpi_1\beta_1^2)r. \end{cases}$$

Mais ces valeurs de α_3, β_3, γ_3 doivent satisfaire à l'équation (33), puisqu'elles appartiennent à un parallélipipède élémentaire; tous les facteurs communs qu'elles donnent au premier membre doivent être égaux à l'unité; ce qui exige immédiatement la relation

$$(54)\ (\varpi_1\beta_1 r - \varpi_2\gamma_1 n)\varpi m'' + (\varpi_2\gamma_1 m - \varpi\alpha_1 r)\varpi_1 n'' + (\varpi\alpha_1 n - \varpi_1\beta_1 m)\varpi_2 r'' = 1,$$

et réduit les équations (52) aux suivantes :

$$(55) \begin{cases} \alpha_3 = \varpi\varpi_1\varpi_2\alpha_1(\beta_1 n + \gamma_1 r) - \varpi_1\varpi_2(\varpi_1\beta_1^2 + \varpi_2\gamma_1^2)m, \\ \beta_3 = \varpi\varpi_1\beta_1(\gamma_1 r + \alpha_1 m) - \varpi_2\varpi(\varpi_2\gamma_1^2 + \varpi\alpha_1^2)n, \\ \gamma_3 = \varpi\varpi_1\varpi_2\gamma_1(\alpha_1 m + \beta_1 n) - \varpi\varpi_1(\varpi\alpha_1^2 + \varpi_1\beta_1^2)r. \end{cases}$$

Si la relation (54) est satisfaite, α_3, β_3, γ_3 dépendent seulement de m, n, r comme α_2, β_2, γ_2; la relation (54) représente donc seulement des conditions, savoir : que

$$\varpi(\varpi_1\beta_1 r - \varpi_2\gamma_1 n),$$
$$\varpi_1(\varpi_2\gamma_1 m - \varpi\alpha_1 r),$$
$$\varpi_2(\varpi\alpha_1 n - \varpi_1\beta_1 m)$$

n'aient pas de facteurs communs; car autrement on ne pourrait pas trouver de solutions entières à cette relation. Substituons maintenant nos valeurs de α_2, β_2, γ_2, α_3, β_3, γ_3 dans l'équation (33), et effectuons les réductions qui se présentent; nous trouverons

$$(56) \quad \begin{cases} \varpi_1\varpi_2[\varpi\alpha_1(\beta_1 n + \gamma_1 r) - (\varpi_1\beta_1^2 + \varpi_2\gamma_1^2)m]^2 \\ + \varpi_2\varpi_1[\varpi_1\beta_1(\alpha_1 m + \gamma_1 r) - (\varpi\alpha_1^2 + \varpi_2\gamma_1^2)n]^2 \\ + \varpi\varpi_1[\varpi_2\gamma_1(\alpha_1 m + \beta_1 n) - (\varpi\alpha_1^2 + \varpi_1\beta_1^2)r]^2 = 1, \end{cases}$$

équation impossible à satisfaire, puisque les trois termes du premier membre sont tous entiers, positifs et au moins égaux à l'unité. Il n'y aurait d'exception à cette conséquence que si $\varpi = \varpi_1 = \varpi_2 = 1$, et que deux des termes fussent nuls. Ainsi, par exemple, si l'on avait $\varpi = \varpi_1 = \varpi_2 = 1$, l'équation (56) se réduirait à

$$(57) \quad \begin{cases} [\alpha_1(\beta_1 n + \gamma_1 r) - (\beta_1^2 + \gamma_1^2)m]^2 \\ + [\beta_1(\alpha_1 m + \gamma_1 r) - (\alpha_1^2 + \gamma_1^2)n]^2 \\ + [\gamma_1(\alpha_1 m + \beta_1 n) - (\alpha_1^2 + \beta_1^2)r]^2 = 1; \end{cases}$$

et si l'on faisait

$$\beta_1(\alpha_1 m + \gamma_1 r) - (\alpha_1^2 + \gamma_1^2)n = 0,$$
$$\gamma_1(\alpha_1 m + \beta_1 n) - (\alpha_1^2 + \beta_1^2)r = 0,$$

on aurait

$$\alpha_1(\beta_1 n + \gamma_1 r) - (\beta_1^2 + \gamma_1^2)m = 1.$$

Mais les deux premières équations donnent

$$n = \frac{\beta_1 m}{\alpha_1}, \quad r = \frac{\gamma_1 m}{\alpha_1};$$

d'où, en les combinant avec la troisième,

$$(\beta_1^2 + \gamma_1^2)\,m - (\beta_1^2 + \gamma_1^2)\,m = 1,$$

ce qui est une impossibilité. Donc, même dans le cas de $\varpi = \varpi_1 = \varpi_2 = 1$, l'équation (56) ne peut pas avoir de solutions entières. Donc, quels que soient les rapports existant entre h, k, l, il n'y a pas un second parallélipipède élémentaire rectangulaire; et le seul qui existe est celui qu'on trouve indépendamment de ces rapports : effectivement, quel que fût le terme de (57) que nous eussions égalé à l'unité en annulant les deux autres, nous serions évidemment arrivés à des conclusions semblables.

Or, dès qu'on part du parallélipipède rectangulaire pour arriver au parallélipipède oblique, on retombe sur les équations (47); et si, de ce parallélipipède, nous voulons revenir au premier, nous retrouvons les équations (40) dont le premier membre est égalé à zéro, et qui doivent être satisfaites indépendamment de h, k, l. La marche indiquée la première est donc la seule qui convienne autour d'un point donné.

2° Dès lors, la marche à suivre dans le cas où les angles et les côtés d'un parallélipipède sont donnés numériquement sera la suivante. On décomposera hk cos c, kl cos a, lh cos b en expressions de la forme $m\,\mathrm{h}^2 + n\,\mathrm{k}^2 + p\,\mathrm{l}^2$, et on les substituera dans les seconds membres de (40), puis on égalera à zéro les coefficients de h^2, k^2, l^2. Si l'on peut satisfaire par des nombres entiers aux équations ainsi obtenues, on ne devra trouver qu'une solution distincte; si on ne le peut pas, c'est que le parallélipipède donné ne correspond à aucun parallélipipède rectangulaire. Nous n'entrerons pas dans les détails d'analyse indéterminée, nécessairement fort longs, que ce problème comporte; ils sont inutiles d'ailleurs pour le fait que nous avons en vue jusqu'à présent; le résultat important pour nous est de constater qu'une famille de parallélipipèdes élémentaires n'en contient qu'un rectangulaire, quand elle en contient un.

23. Éclaircissons par des exemples la méthode de recherches exposée ci-dessus, et prenons à cet effet des cas particuliers déjà calculés dans le n° 18. Il faut y exprimer les cosinus en h', k', l' au lieu de l'être

en h, k, l. Nous trouverons ainsi pour le dernier exemple

$$h'k'\cos\widehat{\alpha'\beta'} = \frac{308\,h'^2 + 18\,k'^2 - 78\,l'^2}{151},$$

$$h'l'\cos\widehat{\beta'\gamma'} = \frac{784\,h'^2 - 64\,k'^2 - 226\,l'^2}{151},$$

$$l'h'\cos\widehat{\gamma'\alpha'} = \frac{196\,h'^2 - 16\,k'^2 + 19\,l'^2}{151}.$$

Calculons ensuite les seconds points des axes fondamentaux rectangulaires rapportés aux nouveaux axes, et employons à cet effet les formules (42); elles nous donneront :

Pour l'axe des α :

$$a' = -28, \quad b' = 8, \quad c' = 13;$$

Pour l'axe des β :

$$a'' = 7, \quad b'' = -2, \quad c'' = -3;$$

Et pour l'axe des γ :

$$a''' = 4, \quad b''' = -1, \quad c''' = -2.$$

Cela posé, considérons le système h', k', l' comme le système fondamental donné, et cherchons s'il y correspond un système rectangulaire; nous aurons

$$hk\cos c = \frac{308\,h^2 + 18\,k^2 - 78\,l^2}{151}, \quad kl\cos a = \frac{784\,h^2 - 64\,k^2 - 226\,l^2}{151},$$

$$lh\cos b = \frac{196\,h^2 - 16\,k^2 + 19\,l^2}{151}.$$

Substituons ces expressions dans les équations (40); égalons-en le premier membre à zéro; chassons le dénominateur commun et ordonnons par rapport à h^2, k^2, l^2; il viendra

$$[151\,\alpha_1\alpha_2 + 308\,(\alpha_1\beta_2 + \alpha_2\beta_1) + 784\,(\beta_1\gamma_2 + \beta_2\gamma_1) + 196\,(\gamma_1\alpha_2 + \gamma_2\alpha_1)]\,h^2$$
$$+ [151\,\beta_1\beta_2 + 18\,(\alpha_1\beta_2 + \alpha_2\beta_1) - 64\,(\beta_1\gamma_2 + \beta_2\gamma_1) - 16\,(\gamma_1\alpha_2 + \gamma_2\alpha_1)]\,k^2$$
$$+ [151\,\gamma_1\gamma_2 - 78\,(\alpha_1\beta_2 + \alpha_2\beta_1) - 226\,(\beta_1\gamma_2 + \beta_2\gamma_1) + 19\,(\gamma_1\alpha_2 + \gamma_2\alpha_1)]\,l^2 = 0,$$

9

$$[151\,\alpha_2\alpha_3 + 3o8\,(\alpha_2\beta_3 + \alpha_3\beta_2) + 784\,(\beta_2\gamma_3 + \beta_3\gamma_2) + 196\,(\gamma_2\alpha_3 + \gamma_3\alpha_2)]\,h^2$$
$$+ [151\,\beta_2\beta_3 + 18\,(\alpha_2\beta_3 + \alpha_3\beta_2) - 64\,(\beta_2\gamma_3 + \beta_3\gamma_2) - 16\,(\gamma_2\alpha_3 + \gamma_3\alpha_2)]\,k^2$$
$$+ [151\,\gamma_2\gamma_3 - 78\,(\alpha_2\beta_3 + \alpha_3\beta_2) - 226\,(\beta_2\gamma_3 + \beta_3\gamma_2) + 19\,(\gamma_2\alpha_3 + \gamma_3\alpha_2)]\,l^2 = 0,$$

$$[151\,\alpha_3\alpha_1 + 3o8\,(\alpha_3\beta_1 + \alpha_1\beta_3) + 784\,(\beta_3\gamma_1 + \beta_1\gamma_3) + 196\,(\gamma_3\alpha_1 + \gamma_1\alpha_3)]\,h^2$$
$$+ [151\,\beta_3\beta_1 + 18\,(\alpha_3\beta_1 + \alpha_1\beta_3) - 64\,(\beta_3\gamma_1 + \beta_1\gamma_3) - 16\,(\gamma_3\alpha_1 + \gamma_1\alpha_3)]\,k^2$$
$$+ [151\,\gamma_3\gamma_1 - 78\,(\alpha_3\beta_1 + \alpha_1\beta_3) - 226\,(\beta_3\gamma_1 + \beta_1\gamma_3) + 19\,(\gamma_3\alpha_1 + \gamma_1\alpha_3)]\,l^2 = 0.$$

Les coefficients de h^2, k^2, l^2 doivent être séparément nuls; ce qui donnera en tout neuf équations du second degré pour déterminer les neuf inconnues; mais, en réalité, ces équations laisseront des quantités indéterminées et entraîneront des conditions pour être satisfaites. En effet, aucune d'elles ne contient de terme indépendant de α, β, γ. Elles pourront être résolues par des applications répétées des formules (28); on ne devra pas non plus oublier que les valeurs trouvées doivent satisfaire à la condition (33). Nous n'exposerons pas ici les calculs, qui sont ceux d'une question d'analyse indéterminée fort prolixe; les calculs effectués à la fin de l'article précédent pour un cas plus simple peuvent en donner une idée. Nous nous bornerons à faire observer que la substitution des valeurs

$$\alpha_1 = -28, \quad \beta_1 = 8, \quad \gamma_1 = 13,$$
$$\alpha_2 = 7, \quad \beta_2 = -2, \quad \gamma_2 = -3,$$
$$\alpha_3 = 4, \quad \beta_3 = -1, \quad \gamma_3 = -2,$$

réduit identiquement à zéro, ainsi qu'on devait s'y attendre, les coefficients de h^2, k^2, l^2 dans les équations ci-dessus.

Si, au contraire, nous n'avions que des données numériques, telles que les suivantes :

$$\frac{k}{h} = \frac{\varpi_1}{\varpi} = \frac{3}{1}, \quad \frac{l}{h} = \frac{\varpi_2}{\varpi} = \frac{2}{1}, \quad \cos a = -\frac{116}{151}, \quad \cos b = \frac{64}{151}, \quad \cos c = \frac{158}{453},$$

nous formerions immédiatement les produits

$$\varpi\varpi_2 \cos c = \frac{158}{151}, \quad \varpi_1\varpi_2 \cos a = -\frac{696}{151}, \quad \varpi_2\varpi \cos b = \frac{128}{151};$$

nous mettrions les numérateurs sous la forme générale

$$m\,\varpi^2 + n\,\varpi_1^2 + p\,\varpi_2^2;$$

nous les substituerions dans les équations (48), et nous retomberions sur des équations de même forme que les précédentes, où les coefficients de ϖ^2, ϖ_1^2, ϖ_2^2 devraient être égalés séparément chacun à zéro. Sans entrer dans le détail de ces calculs, nous ferons remarquer, parmi les combinaisons possibles, les suivantes, d'où nous sommes partis :

$$3 \cos c = \frac{158}{151} = \frac{308 + 162 - 312}{151} = \frac{308\varpi^2 + 18\varpi_1^2 - 78\varpi_2^2}{151},$$

$$6 \cos a = -\frac{696}{151} = \frac{784 - 576 - 904}{151} = \frac{784\varpi^2 - 64\varpi_1^2 - 226\varpi_2^2}{151},$$

$$2 \cos b = \frac{128}{151} = \frac{196 - 144 + 76}{151} = \frac{196\varpi^2 - 16\varpi_1^2 + 19\varpi_2^2}{151}.$$

L'exemple numérique donné était donc un cas particulier du précédent.

24. THÉORÈME. — *Parmi les parallélipipèdes élémentaires appuyés au même sommet et appartenant à la même famille, il y en a un très-grand nombre ayant un côté et les plans des deux faces adjacentes communs.*

Ainsi, il y a un très-grand nombre de parallélipipèdes B différents du parallélipipède A, et ayant pourtant de communs avec lui leur côté α et les plans de leurs faces β et γ.

Prenons pour plans coordonnés les trois faces de ce parallélipipède A ; les coordonnées de ses trois sommets les plus voisins de l'origine seront

$$h, \; o, \; o; \quad o, \; k, \; o; \quad o, \; o, \; l.$$

Nécessairement le second sommet de B sur le côté α aura pour coordonnées h, o, o. Le second point du côté β du parallélipipède B sera sur le plan $\gamma = o$, et aura par conséquent pour coordonnées

$$\alpha_1 h, \quad \beta_2 k, \quad o;$$

le second point du côté γ de B sera sur le plan $\beta = o$, et aura pour coordonnées

$$\alpha_3 h, \quad o, \quad \gamma_3 l.$$

Substituons ces divers coefficients numériques de B dans la relation (33), qui doit être satisfaite ici, puisqu'il s'agit d'un parallélipi-

9.

pède élémentaire; nous trouverons

$$\beta, \gamma, = 1,$$

équation dont les seules solutions entières sont $\beta_2 = 1$, $\gamma_3 = 1$. Ainsi les sommets de B ont pour coordonnées les trois groupes suivants :

$$h, \ o, \ o; \quad \alpha_2 h, \ k, \ o; \quad \alpha_3 h, \ o, \ l,$$

où α_2 et α_3 restent indéterminés, en sorte qu'il y a une infinité de parallélipipèdes B différant entre eux seulement par les valeurs de α_2 et α_3. La troisième face variera en inclinaison, mais seulement suivant certaines lois déterminées, puisque α_2 et α_3 seuls y sont variables. Son équation, rapportée aux axes que nous avons admis, et qui sont les trois côtés de A contigus au sommet M, se déduira de l'équation (23) en y substituant les données auxquelles nous sommes parvenus ; ce sera

$$\frac{x}{h} - \alpha_2 \frac{y}{k} - \alpha_3 \frac{z}{l} = 0.$$

Les formules (42) permettront de passer du système de coordonnées admis à un autre quelconque.

25. THÉORÈME. — *Un parallélipipède élémentaire C peut, dans un cas très-général, avoir une face dans le même plan que celle d'un second parallélipipède A, et une autre adjacente dans le même plan que celle d'un troisième parallélipipède B, les parallélipipèdes A, B, C étant appuyés au même sommet M et appartenant à la même famille.*

Prenons les trois côtés du parallélipipède élémentaire A aboutissant en M pour les trois axes coordonnés ; nous pouvons, sans inconvénient, désigner par les mêmes lettres les faces situées dans les mêmes plans, à quelque parallélipipède qu'elles appartiennent ; cela posé, il s'agit de trouver les conditions à remplir pour que la face γ de C soit dans le même plan que la face γ de A, et la face β de C dans le même plan que la face β de B.

Pour que ce fait se réalise, il faut que l'intersection du plan γ de A avec le plan β de B soit le côté α de C. Les coordonnées des trois sommets voisins de M sont :

Pour le parallélipipède A :

$$h, \cdot 0, \ 0; \quad 0, \ k, \ 0; \quad 0, \ 0, \ l;$$

Pour le parallélipipède B :

$$\alpha_1 h, \ \beta_1 k, \ \gamma_1 l; \quad \alpha_2 h, \ \beta_2 k, \ \gamma_2 l; \quad \alpha_3 h, \ \beta_3 k, \ \gamma_3 l.$$

L'équation de la face β du parallélipipède B est donnée par l'équaquation (24); c'est

$$(\beta_3 \gamma_1 - \beta_1 \gamma_3)\frac{x}{h} + (\gamma_3 \alpha_1 - \gamma_1 \alpha_3)\frac{y}{k} + (\alpha_3 \beta_1 - \alpha_1 \beta_3)\frac{z}{l} = 0.$$

Il suffit d'y faire $z = 0$ pour avoir l'équation de son intersection avec le plan γ de A qui a pour équation $\gamma = 0$; si donc nous désignons par $\alpha'_1 h$, $\beta'_1 k$, 0 les coordonnées du second sommet α de C, nous aurons, entre α'_1 et β'_1, la relation

$$(58) \qquad (\beta_3 \gamma_1 - \beta_1 \gamma_3)\alpha'_1 + (\gamma_3 \alpha_1 - \gamma_1 \alpha_3)\beta'_1 = 0.$$

Cela posé, il peut arriver deux cas : ou $\beta_3 \gamma_1 - \beta_1 \gamma_3$ et $\gamma_3 \alpha_1 - \gamma_1 \alpha_3$ ont un facteur commun f, ou ils n'en ont pas. Dans le premier cas, l'équation précédente (58) donnera

$$(59) \qquad \alpha'_1 = -\frac{\gamma_3 \alpha_1 - \gamma_1 \alpha_3}{f}, \quad \beta'_1 = \frac{\beta_3 \gamma_1 - \beta_1 \gamma_3}{f};$$

dans le second cas, on trouvera

$$(59\,bis) \qquad \alpha'_1 = \gamma_1 \alpha_3 - \gamma_3 \alpha_1, \quad \beta'_1 = \beta_3 \gamma_1 - \beta_1 \gamma_3.$$

On ne devra, dans aucun cas, prendre des multiples de ces valeurs, quoi qu'ils vérifient également l'équation (58); car le second sommet du côté α étant le point matériel immédiatement consécutif de M, on devra prendre les plus petites valeurs numériques possibles de α'_1 et de β'_1. Le signe seul pourra en être changé; mais c'est chose indifférente que l'on considère le sommet avant M ou le sommet après; la direction du côté est la même, et changer ainsi le sommet revient à prendre pour C le parallélipipède égal immédiatement contigu au premier.

Le côté β du parallélipipède C est compris entièrement dans le plan $\gamma = 0$, puisque sa face γ est, par hypothèse, située dans ce plan; les coordonnées de son second sommet sont donc

$$\alpha'_2 h, \quad \beta'_2 k, \quad 0;$$

enfin celles du second sommet du côté γ, situé dans le plan β de B, doivent satisfaire à l'équation (24) rappelée ci-dessus, et qui devient pour elles

$$(60) \qquad (\beta_3\gamma_1 - \beta_1\gamma_3)\alpha'_3 + (\gamma_3\alpha_1 - \gamma_1\alpha_3)\beta'_3 + (\alpha_3\beta_1 - \alpha_1\beta_3)\gamma'_3 = 0.$$

Toutes doivent satisfaire à l'équation (33) qui, par la substitution de $\gamma'_1 = 0$, $\gamma'_2 = 0$ et des valeurs (59), se réduit à

$$\frac{(\beta_3\gamma_1 - \beta_1\gamma_3)}{f}\alpha'_2\gamma'_3 + \frac{(\gamma_3\alpha_1 - \gamma_1\alpha_3)}{f}\beta'_2\gamma'_3 + 1 = 0$$

dans le premier cas, et à

$$(\beta_3\gamma_1 - \beta_1\gamma_3)\alpha'_2\gamma'_3 + (\gamma_3\alpha_1 - \gamma_1\alpha_3)\beta'_2\gamma'_3 + 1 = 0$$

dans le second. Comme ici toutes les quantités doivent être entières, il faut admettre que $\gamma'_3 = \pm 1$, puisqu'il divise les deux premiers termes; nous admettrons -1 pour la même raison que nous avons admis un seul signe dans (59); l'autre facteur doit aussi être égal à l'unité; nous aurons donc

$$(61) \qquad \gamma'_3 = -1 \quad \text{et} \quad (\beta_3\gamma_1 - \beta_1\gamma_3)\alpha'_2 + (\gamma_3\alpha_1 - \gamma_1\alpha_3)\beta'_2 = f$$

dans le premier cas, et

$$(61\ bis) \qquad \gamma'_3 = -1, \quad (\beta_3\gamma_1 - \beta_1\gamma_3)\alpha'_2 + (\gamma_3\alpha_1 - \gamma_1\alpha_3)\beta'_2 = 1$$

dans le second. Ces équations doivent coexister avec l'équation (60), qui devient alors

$$(61\ ter) \qquad (\beta_3\gamma_1 - \beta_1\gamma_3)\alpha'_3 + (\gamma_3\alpha_1 - \gamma_1\alpha_3)\beta'_3 = \alpha_3\beta_1 - \alpha_1\beta_3.$$

Mais le facteur f, commun à $\beta_3\gamma_1 - \beta_1\gamma_3$ et $\gamma_3\alpha_1 - \gamma_1\alpha_3$, est premier à $\alpha_3\beta_1 - \alpha_1\beta_3$, puisque cette face appartient par hypothèse au parallélipipède élémentaire B (n° **22**); donc l'équation (61 *ter*) ne peut pas être résolue en nombres entiers dès que f diffère de l'unité. Dans le cas, où les deux binômes $\beta_3\gamma_1 - \beta_1\gamma_3$ et $\gamma_3\alpha_1 - \gamma_1\alpha_3$ sont premiers entre eux, mais dans ce cas seulement, les équations (61 *bis*) et (61 *ter*) donneront une infinité de solutions entières, qu'on pourra réunir comme on l'entendra pour obtenir des parallélipipèdes élémentaires C ayant leur face γ dans le plan γ de A, et leur face β dans le plan β de B.

La possibilité ou l'impossibilité du problème dépend de l'équation (58), c'est-à-dire de la commune intersection des plans γ de A et β de B. On pourrait évidemment disposer de quelques-unes des données, de α_3, β_3, γ_3 par exemple, de manière à conserver la direction de la droite tout en faisant disparaître le facteur commun; mais alors $\alpha_3 h$, $\beta_3 k$, $\gamma_3 l$ ne satisferaient plus à l'équation (24), c'est-à-dire qu'on serait obligé de changer la direction du plan β de B, et partant de déformer le parallélipipède B.

En résumé, quand le parallélipipède C est possible, il a, pour ses trois sommets voisins de M, les coordonnées

$$(62) \quad \begin{cases} -(\gamma_3\alpha_1 - \gamma_1\alpha_3)h, & (\beta_3\gamma_1 - \beta_1\gamma_2)k, & 0, \\ \alpha'_2 h, & \beta'_2 k, & 0, \\ \alpha'_3 h, & \beta'_3 k, & -l, \end{cases}$$

avec les conditions (61 *bis*) et (61 *ter*).

Élucidons ce résultat par des exemples numériques :

1° Les coordonnées des trois sommets voisins de M sont, dans le parallélipipède A,

$$h, 0, 0; \quad 0, k, 0; \quad 0, 0, l;$$

et dans le parallélipipède B,

$$h, 3k, 4l; \quad 2h, k, 5l; \quad -16h, 64k, 3l.$$

Nous avons déjà vu, dans le n° **17**, que les dernières quantités satisfaisaient à l'équation (33). Nous trouverons ici

$$\beta_3\gamma_1 - \beta_1\gamma_3 = 247, \quad \gamma_3\alpha_1 - \gamma_1\alpha_3 = 67, \quad \alpha_3\beta_1 - \alpha_1\beta_3 = -112,$$

quantités toutes premières entre elles. Le parallélipipède C est donc possible, et dès lors il y en a plusieurs de même nature. Les équations (61 *bis*) et (61 *ter*) deviennent

$$247\,\alpha'_2 + 67\,\beta'_2 = 1, \quad 247\,\alpha'_3 + 67\,\beta'_3 = -112,$$

et ont pour solutions : la première

$$\alpha'_2 = 67\,t - 16, \quad \beta'_2 = -247\,t + 59,$$

et la seconde

$$\alpha'_3 = -7\,504\,u + 1792, \quad \beta'_3 = 27\,664\,u - 6608.$$

Parmi l'infinité de sommets qu'on peut prendre pour C, nous choisirons les suivants, correspondant à $t = 0$, $u = 0$:

$$-67\,h, \ 247\,k, \ 0; \quad -16\,h, \ 59\,k, \ 0; \quad 1792\,h, \ -6608\,k, \ -l.$$

Les coefficients de h et de k dans le troisième sommet sont déjà assez grands pour que les distances de ce sommet au point M approchent d'être appréciables; mais ce parallélipipède n'en est pas moins réalisable comme résultat d'une première approximation.

2° Les coordonnées des trois sommets voisins de M sont, dans le parallélipipède A, les mêmes que ci-dessus, et dans le parallélipipède B :

$$h, \ 3k, \ 2l; \quad 2h, \ 4k, \ 7l; \quad h, \ 4k, \ 0.$$

Ce sont les dernières que nous ayons, dans le n° 17, déduites de l'équation (33). Nous trouverons immédiatement

$$\beta_2\gamma_1 - \beta_1\gamma_3 = 8, \quad \gamma_2\alpha_1 - \gamma_1\alpha_3 = -2.$$

Ces deux quantités ayant 2 pour facteur commun, le parallélipipède C n'est pas possible.

§ IV. — *Densité, résistance, élasticité.*

26. Reprenons la définition des propriétés de la matière que nous avons entamée au n° 5, et occupons-nous, dans ce paragraphe, de la densité, de la résistance et de l'élasticité.

L'idée de la densité est fort simple avec le système de Descartes et l'hypothèse de la continuité; c'est le rapport de deux masses de même volume, dont l'une sert de terme de comparaison, et ce rapport exprime les quantités relatives de matière contenues par les différents corps dans l'unité de volume. La considération de la porosité de la matière, combinée avec l'hypothèse d'atomes étendus, complique un peu cette idée première, sans toutefois la modifier sensiblement. Nous dirons plus loin la définition de Poisson, qui a cherché à donner une idée précise de la densité de la matière discontinue; en voici une qui nous paraît plus simple et plus facile en même temps à adapter à l'idée d'atomes inétendus.

Quand on compare entre eux les corps sous le rapport de l'énergie de leurs attractions, on a affaire à deux ordres de faits différents : un corps peut avoir des molécules attirant plus énergiquement que celles du corps pris pour type, et alors μ y est plus grand; ou bien il peut les avoir plus resserrées, c'est-à-dire avoir des parallélipipèdes élémentaires plus petits. Ces deux causes peuvent se contre-balancer de telle sorte qu'étant différentes, l'attraction totale de deux corps demeure la même; mais le plus souvent elles amènent des effets différents, puisque, dans le même milieu où les masses μ restent les mêmes, l'attraction d'un même volume peut varier suivant le resserrement plus ou moins grand des parties. En négligeant les molécules situées sur une partie de la périphérie du corps, lesquelles sont, quoique excessivement nombreuses, une fraction très-minime de la totalité des molécules constituant le corps, on peut dire en général que, si l'on prend les molécules du corps pour les sommets d'un réseau de parallélipipèdes élémentaires, ou plutôt d'hexaèdres très-près d'être des parallélipipèdes, chacun de ceux-ci correspond à une molécule. Dès lors, si l'on multiplie l'expression du volume de cet hexaèdre par une quantité telle, que le produit en soit égal à la valeur représentative de μ, on aura par cette quantité un premier moyen d'apprécier l'énergie attractive du corps, puisque, plus elle sera grande, plus le volume du parallélipipède sera petit à égalité d'énergie attractive de la molécule; plus, par conséquent, les molécules du corps seront rapprochées et l'attraction énergique. Ainsi la densité est le quotient de la valeur de l'énergie attractive μ divisée par la valeur du volume du parallélipipède élémentaire. Ces valeurs sont données, bien entendu, en prenant pour chaque genre de quantités une seule et même unité.

Nous sommes convenus de considérer deux masses μ et μ' pour la même molécule (n° 11), suivant la nature de l'attraction correspondante, ou une seule masse et un coefficient de capacité. Il s'ensuivra deux densités différentes au même point, ou une seule densité avec le coefficient de capacité pour l'autre densité. Cela ne présente pas en soi d'autre difficulté que la notion des masses; seulement, afin d'éviter toute ambiguïté, nous prévenons nos lecteurs que nous considérons ici seulement la densité relative à l'attraction en raison inverse du carré des distances.

La définition que nous donnons de la densité entraîne immédiatement la conséquence suivante. Tous les parallélipipèdes élémentaires de même famille et appuyés au même sommet donneront pour le corps la même densité en ce point, puisque leur volume est le même pour tous (n° 21); mais toutes les autres divisions du corps que l'on voudrait imaginer donneront des densités fausses, puisque le nombre de molécules correspondantes ne serait pas constamment l'unité. En multipliant par la densité actuelle Γ l'expression (46) du volume du parallélipipède, nous obtenons la relation

$$(63) \quad \left\{ \Gamma \left(\frac{df}{d\alpha h} \frac{df_1}{d\beta k} \frac{df_2}{d\gamma l} - \frac{df}{d\alpha h} \frac{df_1}{d\gamma l} \frac{df_2}{d\beta k} + \frac{df}{d\gamma l} \frac{df_1}{d\alpha h} \frac{df_2}{d\beta k} \right. \right.$$
$$\left. \left. - \frac{df}{d\gamma l} \frac{df_1}{d\beta k} \frac{df_2}{d\alpha h} + \frac{df}{d\beta k} \frac{df_1}{d\gamma l} \frac{df_2}{d\alpha h} - \frac{df}{d\beta k} \frac{df_1}{d\alpha h} \frac{df_2}{d\gamma l} \right) hkl = \mu. \right.$$

Cette relation est précise et n'est applicable qu'à certaines décompositions du volume, nullement aux autres. On peut lui donner différentes formes que nous allons examiner.

D'abord, on peut la remplacer par une relation entre quantités toutes appréciables, en désignant par ρ la densité de l'état primitif où les parallélipipèdes sont rectangulaires; car on aura évidemment

$$(64) \qquad \mu = \rho\, hkl;$$

et, en substituant cette valeur de μ dans (63), puis divisant tout par hkl, on trouvera

$$(65) \quad \left\{ \Gamma \left(\frac{df}{d\alpha h} \frac{df_1}{d\beta k} \frac{df_2}{d\gamma l} - \frac{df}{d\alpha h} \frac{df_1}{d\gamma l} \frac{df_2}{d\beta k} + \frac{df}{d\gamma l} \frac{df_1}{d\alpha h} \frac{df_2}{d\beta k} \right. \right.$$
$$\left. \left. - \frac{df}{d\gamma l} \frac{df_1}{d\beta k} \frac{df_2}{d\alpha h} + \frac{df}{d\beta k} \frac{df_1}{d\gamma l} \frac{df_2}{d\alpha h} - \frac{df}{d\beta k} \frac{df_1}{d\alpha h} \frac{df_2}{d\gamma l} \right) = \rho. \right.$$

L'hypothèse de la matière continue nous conduisait à cette même formule (65); car, en remontant aux formules (8), nous aurions trouvé :

Pour les projections de la longueur primitive $d\alpha h$ ramenée à l'état actuel,

$$\frac{df}{d\alpha h}\,d\alpha h, \quad \frac{df_1}{d\alpha h}\,d\alpha h, \quad \frac{df_2}{d\alpha h}\,d\alpha h;$$

Pour les projections de la longueur $d\beta k$ rapportée à l'état actuel,

$$\frac{df}{d\beta k}\,d\beta k, \quad \frac{df_1}{d\beta k}\,d\beta k, \quad \frac{df_2}{d\beta k}\,d\beta k;$$

Et enfin, pour les projections de ce qu'est devenue, dans l'état actuel, la longueur $d\gamma l$ de l'état primitif,

$$\frac{df}{d\gamma l}\,d\gamma l, \quad \frac{df_1}{d\gamma l}\,d\gamma l, \quad \frac{df_2}{d\gamma l}\,d\gamma l.$$

Substituons ces valeurs à la place de a, b, c, a', b', c', a'', b'', c'' dans l'expression connue du volume d'un parallélipipède que nous avons rappelée en commençant le n° **21**; nous trouverons

$$\left(\frac{df}{d\alpha h}\,\frac{df_1}{d\beta k}\,\frac{df_2}{d\gamma l} - \frac{df}{d\alpha h}\,\frac{df_1}{d\gamma l}\,\frac{df_2}{d\beta k} + \dots\right)d\alpha h . d\beta k . d\gamma l;$$

mais le volume du parallélipipède rectangulaire primitif correspondant est

$$d\alpha h, \quad d\beta k, \quad d\gamma l;$$

donc, en multipliant chacun de ces volumes par les densités correspondantes Γ, ρ, nous aurons les masses dans l'hypothèse de la continuité de la matière; et, comme elles doivent être égales, nous serons fondés à égaler les deux produits; divisant ensuite les deux membres de l'équation par le facteur commun $d\alpha h$, $d\beta k$, $d\gamma l$, nous retrouverons l'équation (65). Mais cette manière d'opérer, parfaitement légitime dans le cas de la continuité de la matière, ne l'est plus partout et toujours dans le cas de molécules disjointes. En effet, dans ce dernier cas, les parallélipipèdes élémentaires donneront seuls, ainsi que nous l'avons vu, la véritable densité; les autres en donneront de fausses, du moins dans le cas le plus général. Quand on descend aux infiniment

10.

petits, les divers volumes différentiels qu'on peut imaginer peuvent provenir de la division à l'infini d'un parallélipipède élémentaire ou d'un autre; dans le premier cas, on leur appliquera les véritables densités, dans l'autre des densités fausses; l'équation restera la même.

Tout ce qu'on en peut conclure, c'est que le rapport $\frac{\Gamma}{\rho}$ est le même entre les parallélipipèdes primitifs et les parallélipipèdes actuels, qu'ils soient ou non élémentaires. Mais il doit y avoir entre $d\alpha h$, $d\beta k$, $d\gamma l$ une certaine relation pour que le parallélipipède différentiel considéré provienne d'un parallélipipède élémentaire.

Quand on a pris entre $d\alpha h$, $d\beta k$, $d\gamma l$ les proportions voulues pour qu'il en soit ainsi, on peut choisir sur les trois axes rectangulaires des longueurs telles, qu'on ait un parallélipipède rectangulaire infiniment petit équivalent au premier. On peut donc écrire

$$(66) \quad dx\,dy\,dz = \left(\frac{df}{d\alpha h} \frac{df_{\text{\tiny 1}}}{d\beta k} \frac{df_{\text{\tiny 2}}}{d\gamma l} - \frac{df}{d\alpha h} \frac{df_{\text{\tiny 1}}}{d\gamma l} \frac{df_{\text{\tiny 2}}}{d\beta k} + \dots \right) d\alpha h.d\beta k.d\gamma l;$$

mais il faut se rappeler qu'il doit exister une certaine relation entre $d\alpha h$, $d\beta k$, $d\gamma l$ et partant dx, dy, dz, si l'on veut que les volumes dont il s'agit répondent à une valeur réelle de la densité. Quand on admet l'existence de cette relation, on est en droit de multiplier les deux membres de l'équation (66) par la densité actuelle du corps en M, c'est-à-dire par Γ, puis de les sommer dans toute l'étendue du corps, chacun par rapport à ses variables; les sommes définitives seront nécessairement égales, puisqu'elles comprennent l'ensemble de termes égaux chacun à chacun. On aura donc l'équation

$$(67) \left\{ \begin{array}{l} \mathbf{S}\,\Gamma\,dx\,dy\,dz \\ = \mathbf{S}\,\Gamma \left(\frac{df}{d\alpha h} \frac{df_{\text{\tiny 1}}}{d\beta k} \frac{df_{\text{\tiny 2}}}{d\gamma l} - \frac{df}{d\alpha h} \frac{df_{\text{\tiny 1}}}{d\gamma l} \frac{df_{\text{\tiny 2}}}{d\beta k} + \dots \right) d\alpha h.d\beta k.d\gamma l. \end{array} \right.$$

Dans le premier membre de cette équation, où l'intégration se fait par rapport à x, y, z, Γ devra être exprimée en fonction de ces variables; dans le second membre, elle devra, pour un motif analogue, être exprimée en fonction de αh, βk, γl.

27. Les équations (63) et (65) sont, avons-nous dit, une condition;

elles correspondent au fait de l'existence de la matière. Car si Γ devenait infini, ce ne serait qu'à une seule condition : celle de l'annulation
du parallélipipède élémentaire, et par conséquent de la réunion de
deux molécules en une seule, réunion qui entraîne la disparition d'une
molécule ou la perte de son existence propre. Si Γ devenait nul, ce ne
serait qu'en supposant au moins un des côtés du parallélipipède infini
ou excessivement grand tout au moins, puisque *hkl* est excessivement
petit. Ce serait donc admettre un vide absolu très-grand dans le corps,
une séparation complète. L'expérience ne nous montre rien de semblable dans les corps qualifiés de *pondérables*, alors même qu'ils se combinent entre eux; on est donc porté à croire que les centres de molécules ne se confondent jamais, ni ne peuvent se confondre. Ce fait, dont
nous donnerons plus tard la nécessité mécanique, constitue le principe
de l'impénétrabilité des corps définie au n° 5; il n'est pas, comme on
voit, une propriété fondamentale qu'il faille admettre séparément, mais
une simple conséquence.

Plusieurs physiciens ont cru à la nullité de poids des corps qualifiés
d'*impondérables;* mais rien ne justifie une semblable opinion. Un corps
plongé dans un autre milieu et au repos y perd de son poids une quantité égale au poids du fluide déplacé; il en est de même dans le cas du
mouvement. La démonstration de cette propriété mise en lumière par
Archimède est élémentaire; la loi a lieu pour les corps immergés dans
l'éther aussi bien que pour ceux qui le sont dans l'eau ou dans l'air.
Tant que les physiciens ne connurent pas la pompe foulante à air et la
machine pneumatique, l'air fut pour eux un corps impondérable,
comme l'éther l'est aujourd'hui pour nous; les mesures qu'ils obte-
naient des densités étaient affectées de l'erreur due au poids de l'air
négligé. Tous les corps sont perméables à l'éther; et jusqu'à présent,
nous n'avons imaginé aucun moyen de le condenser ou de le raréfier
dans une proportion connue et sous un volume déterminé. L'éther est
donc encore pour nous un corps impondérable; mais nous ne sommes
pas plus fondés à lui dénier toute pesanteur que ne l'auraient été les
philosophes alexandrins à contester la pesanteur de l'air. Ajoutons que
c'est en le supposant pondérable, et en lui appliquant les lois de la Mécanique, que les Géomètres modernes sont parvenus à découvrir l'explication de tous les phénomènes lumineux avec une facilité qui étonne.

Pour nous donc, l'éther aura une densité, très-faible à la vérité, plus faible nécessairement que toutes les densités connues, puisque l'excès de celles-ci sur celle de l'éther, la seule chose que nous connaissions en réalité, est toujours positif; mais il en aura une que nous n'avons pas encore mesurée.

Or Lagrange a démontré dans sa *Mécanique analytique*, et plus tard Poinsot a démontré géométriquement, que toute condition relative à un point en repos ou en mouvement équivaut à une résistance. L'existence de la matière, correspondant à l'équation (63), est une condition représentée par cette relation; elle constitue donc une véritable résistance dont il est inutile d'aller chercher ailleurs les causes qui résident en elle. Ceci, comme nous l'avons dit tout à l'heure, sera prouvé surabondamment en arrivant aux équations de l'équilibre et du mouvement; et l'on verra, ce qui du reste va de soi-même, qu'il ne peut pas y avoir de résistances infinies à moins d'actions infinies que rien ne peut amener dans la nature; que dès lors la densité ne peut pas devenir infinie.

En résumé, la résistance et l'impénétrabilité de la matière sont des conséquences nécessaires de l'existence de la matière, et nullement de principes indépendants; elles n'exigent pas l'addition de nouvelles propriétés aux forces intrinsèques d'attraction.

28. Occupons-nous à présent de déterminer comment une attraction en raison inverse de la $n^{ième}$ puissance de la distance peut arriver à produire les phénomènes d'adhésion, de cohésion, etc., qu'on est convenu aujourd'hui d'englober sous la dénomination générale d'*effets de la force élastique*. Commençons par rappeler les notions que l'on a de ces phénomènes; nous en déduirons ensuite les moyens de calculer les effets correspondants des attractions, et nous les comparerons aux lois constatées par l'expérience. Nous examinerons aussi s'il y a lieu de continuer à employer dans les équations de l'équilibre et du mouvement, comme le font encore aujourd'hui les Géomètres, ces expressions de la force élastique au lieu et place des attractions elles-mêmes.

Tous regardaient jadis la continuité de la matière comme une chose évidente par elle-même. Si donc deux corps en contact suivant une surface plane commune étaient tels, que l'action de l'un d'eux sur l'autre fût uniforme, on en concluait qu'elle était identique en tous les points de la surface de contact, parce qu'on ne voyait pas de raison pour laquelle elle pût varier d'un point à un autre. Dès lors, on mesurait ces actions en les rapportant à l'unité de surface, et en comparant entre elles les diverses quantités d'action exercées sur l'unité de surface. C'est ainsi que, pour comparer les actions exercées par divers parallélipipèdes rectangulaires matériels posés par une de leurs faces sur un plan horizontal, on divisait les nombres exprimant leurs poids par les nombres exprimant les aires de leurs surfaces de contact ou bases, et l'on comparait entre eux les quotients appelés *pressions par unité de surface;* c'est de même qu'on arrivait à comparer les grandeurs d'adhésion, de cohésion, etc. ; c'est en marchant dans cet ordre d'idées qu'on trouva les pressions proportionnelles à la densité des gaz comprimés (loi de Mariotte); ce sont ces adhésions et ces cohésions qu'on trouva indépendantes de la charge. Ce sont des actions semblables qu'on fit intervenir, avec leurs lois constatées par l'expérience, dans les équations de l'équilibre et du mouvement; on en vint ainsi à considérer deux natures différentes de forces, les unes proportionnelles aux masses des particules matérielles, et les autres aux surfaces extérieures de ces particules.

Ce mode d'agir a survécu au principe de la continuité de la matière abandonné depuis longtemps ; les Géomètres emploient toujours la considération de forces proportionnelles aux surfaces idéales de parcelles en lesquelles ils supposent le corps divisé, tout en admettant que ces parcelles sont extrêmement petites et contiennent en même temps un nombre de molécules extrêmement grand (*voyez* Poisson) ou médiocre (*voyez* M. Lamé). Mais, dans un cas comme dans l'autre, ces surfaces idéales n'ont aucun rapport avec la périphérie des molécules, même aux yeux des Géomètres qui admettent l'étendue des atomes et prétendent évaluer l'influence de la forme dans l'étude de certains phénomènes. On nomme *élastiques* les forces superficielles dont il s'agit, et ce sont leurs accroissements qu'on fait intervenir dans les équations de l'équilibre et du mouvement. Nous devrons examiner si l'on est fondé à le faire; nous ne pouvons pas nous prononcer avant un examen approfondi. De plus, comme beaucoup d'expériences n'ont eu pour but que la détermination de lois de cette nature, il est clair

que nous devons établir celles que donnera l'attraction, si nous voulons en comparer les résultats à l'expérience.

Il est certain que, dans le cas de la matière discontinue, on ne peut
plus avancer que la force développée en un point quelconque de la surface de deux corps, ou du moins la fonction qui la représente, n'a pas
de raison pour différer d'un point à un autre extrêmement voisin; car
l'un de ceux-ci peut être un centre de molécule, et l'autre un point
géométrique, sans aucune correspondance moléculaire, et conséquemment nullement assimilable au premier, contrairement à ce qui avait
lieu dans le cas de la matière continue. Mais de ce que le raisonnement
primitif tombe en défaut, on n'est pas en droit de nier la conséquence
obtenue qui peut avoir une origine différente. Ainsi, l'hypothèse de
la continuité avait fait concevoir des corps où une droite de longueur
donnée, assujettie à passer par un point donné, rencontrait la même
quantité de matière, quelque direction qu'on lui imprimât, et de cette
condition on déduisait l'égalité de pression en tout sens dans ce corps.
Eh bien, avec la matière discontinue, où l'hypothèse de cette droite
devient absurde au premier chef, car elle revient à supposer qu'il existe
des corps où les molécules sont assez rapprochées pour que la diago-
nale d'un cube y devienne égale à son côté, la conséquence de l'égalité
de pression subsiste encore, mais, bien entendu, pour d'autres motifs.
Nous chercherons donc les actions du genre des forces élastiques que
peuvent produire les attractions en raison inverse de la $n^{ième}$ puissance
de la distance; nous les comparerons aux effets connus, et nous étudierons la question de savoir si l'on peut sans inconvénient les substituer
aux attractions mêmes dans les équations de l'équilibre et du mouvement.

29. Les explications précédentes conduisent à une définition de la
force élastique un peu différente en apparence de celles qu'on a données jusqu'à ce jour, mais qui y revient au fond et est extrêmement
rationnelle. Menons par les centres de gravité de trois molécules voisines, non situées en ligne droite, et sans molécule intermédiaire, un
plan idéal; considérons ensuite une quatrième molécule M''', en dehors
de ce plan, et aussi rapprochée de lui que possible. Supposons d'ailleurs les trois points assujettis à la condition (33), ce qui, du reste, est

la conséquence de la manière dont nous les avons choisis ; achevons
la construction du parallélipipède dont MM′, MM″, MM‴ sont les trois
côtés adjacents au sommet M, et imaginons ensuite un corps idéal ayant,
dans toute son étendue, les molécules disposées comme les sommets
d'un réseau de parallélipipèdes égaux et jointifs au premier. Nous avons
vu, n° 15, que cette supposition est permise dans une certaine
étendue autour de chaque point matériel, et que par conséquent l'hypothèse et la réalité sont sensiblement d'accord dans cette étendue.
Trois plans se coupent au point M ; ce sont les trois faces du premier
parallélipipède, communes chacune à un parallélipipède différent et
contigu ; leurs prolongements sont communs à quatre autres parallélipipèdes contigus au premier ; tous ont M pour sommet commun. Nous
pouvons regarder le corps idéal, auquel nous assignerons d'ailleurs des
limites finies, mais arbitraires, comme partagé en deux parties A et B
par le plan MM′M″. Nous dirons, pour fixer les idées, que A est au-
dessus de MM′M″ et que B est au-dessous. Admettons encore que les
points matériels du plan MM′M″, que nous prendrons pour plan des xy
ou $\gamma = 0$, appartiennent à la portion A du corps. Cela posé, soit m un
point matériel de A, m' un point matériel de B ; l'attraction de ces deux
points, qui appartiennent au même réseau et ont les mêmes masses,
aura (voyez le n° 12) pour forme générale des composantes

$$ f\,\omega^2 \mu^2\, \frac{u - u'}{r^{n+1}} ; $$

nous sommerons chacune de ces composantes d'abord pour un même
point m', m prenant toutes les positions des points matériels de A, ensuite pour toutes les positions de m' dans B ; nous aurons ainsi les composantes totales des attractions exercées par tous les points de A sur
tous les points de B. Nous attribuerons ensuite ces composantes à la surface de séparation MM′M″, et divisant successivement chacune d'elles
par l'aire de la surface commune, nous aurons leurs valeurs par unité
de surface, autrement dit les composantes de la force élastique.

Cette marche laisse à la vérité indéterminées les limites des portions A
et B, d'où de l'indécision ; mais il est évident que ces limites, dès
qu'elles sont un peu grandes, influent peu sur la valeur du rapport ;
nous verrons d'ailleurs, en en venant aux détails, que l'omission dont

11

il s'agit n'a pas d'importance, attendu que les limites finies de A et B n'interviennent pas dans l'expression de la force élastique.

Il nous reste à démontrer que la force élastique ainsi définie est un effet superficiel de même nature que les forces élastiques acceptées jusqu'à ce jour par les géomètres. Ceux-ci en ont donné deux définitions ; prenons dans les *Leçons sur la Théorie mathématique de l'élasticité dans les corps solides* (1re édition, p. 8) la définition la plus moderne que M. Lamé préfère, et qu'il démontre, quelques pages plus loin, revenir au même que l'ancienne. Il nous suffira donc d'en démontrer l'identité, quant aux conséquences, avec celle que nous venons de donner.

« Soit M une molécule intérieure du solide. Imaginons : 1° la sphère S, dont le centre est en M, et qui a pour rayon la plus grande distance ζ au delà de laquelle $F(\zeta)$ est insensible, distance-limite qu'on appelle *rayon d'activité de l'action moléculaire;* 2° par le point M un plan quelconque LN, lequel partage la sphère en deux hémisphères SA, SB; 3° au point M, un élément superficiel extrêmement petit ϖ sur le plan LN; 4° enfin dans l'hémisphère SB un cylindre droit, très-délié, ayant ϖ pour base. Par suite de la déformation générale, les molécules contenues dans l'hémisphère SA exercent des actions sur les molécules du cylindre. La résultante ϖE de toutes ces actions est ce que nous appellerons *la force élastique* exercée par SA sur SB, et rapportée à l'élément-plan ϖ. Cette résultante sera, en général, oblique à l'élément-plan ϖ; si elle est normale à cet élément, et dirigée vers l'hémisphère SA, elle représente une *traction.* Si, encore normale à ϖ, elle est dirigée vers SB, elle représente une *pression,* c'est-à-dire que SA attire le cylindre dans le premier cas et le repousse dans le second. Si la force élastique ϖE ou la résultante qui vient d'être définie est parallèle à l'élément ϖ, elle tend à faire glisser le cylindre parallèlement au plan LN; on lui donne alors le nom de *force élastique tangentielle.* »

D'après cela, la force élastique rapportée à l'unité de surface est due, comme la nôtre, à des attractions, à cette différence près que M. Lamé les suppose représentées par une fonction qui peut être tantôt positive, tantôt négative; nous avons vu, dans le n° **10**, que cela revenait à supposer ces attractions composées d'une somme d'autres attractions proportionnelles chacune à une puissance négative de la distance. Donc la force élastique de M. Lamé n'est qu'une somme de forces élastiques telles que nous les envisageons ; car, si on la rapporte à l'unité de surface, on trouve $\frac{\varpi E}{\varpi} = E$, puisque M. Lamé qualifie ϖE de force élastique rapportée à l'élément-plan ϖ ; de plus, cette force ϖE est la résultante de toutes les actions qui peuvent être exercées sur ϖ par les points susceptibles d'agir, puisque celles des points extérieurs à la sphère sont insensibles, ceux-ci étant en dehors du rayon d'activité moléculaire. Si donc on envisageait une suite quelconque d'éléments-plans ϖ consécutifs, et pour lesquels la composition moléculaire de la sphère correspondante restât la même, ainsi que nous le faisons pour notre corps homogène, ils donneraient tous l'action ϖE. Leur somme serait $E S \varpi$, puisque E ne varierait pas, leur base totale $S \varpi$, et la force élastique rapportée à l'unité de surface serait encore $E = \frac{E S \varpi}{S \varpi}$; le mode d'évaluation employé par M. Lamé revient donc, comme il le dit, à une force proportionnelle à une surface ; il n'y a de différence entre lui et nous que la considération d'attractions multiples faite par lui, tandis que nous en envisageons une seule.

30. Ces définitions bien établies, il est facile de tracer la marche à suivre pour calculer la force élastique provenant d'une attraction en raison inverse de la puissance n de la distance r. Nous regarderons la droite MM' comme l'axe des α, MM'' comme celui des β, MM''' comme celui des γ ; ce qui est permis, puisque le corps homogène ayant pour point de départ le parallélipipède $MM'M''M'''$ peut être considéré comme une sorte d'état primitif et recevoir les mêmes désignations, en se rappelant toutefois que les coordonnées y sont généralement obliques. Nous désignerons, comme dans le numéro précédent, par m un point de la portion A, par m' un point de la portion B. Leur distance mutuelle $mm' = r$ sera donnée par la formule (6) du n° 12, qui devient, avec les coordonnées que nous venons d'adopter,

$$(68) \quad \begin{cases} r^2 = (\alpha - \alpha')^2 h^2 + (\beta - \beta')^2 h^2 + (\gamma - \gamma')^2 l^2 \\ \quad + 2(\alpha - \alpha')(\beta - \beta') hk \cos\widehat{\alpha\beta} \\ \quad + 2(\beta - \beta')(\gamma - \gamma') kl \cos\widehat{\beta\gamma} + 2(\gamma - \gamma')(\alpha - \alpha') lh \cos\widehat{\gamma\alpha}. \end{cases}$$

11.

Ceci posé, nous commencerons par sommer de $\gamma = o$ à $\gamma = C$, C étant la plus grande valeur que γ puisse recevoir du côté A, les composantes dont l'expression générale est, ainsi que nous l'avons vu au n° 12, représentée par le symbole

$$ f \frac{\omega^3 \mu^2 (u - u')}{r^{n+1}}, $$

où ω est le coefficient de capacité, autrement le rapport des deux énergies des actions en raison inverse de la $n^{ième}$ et de la 2e puissances; nous sommerons ensuite ces premières sommes par rapport à β, depuis $\beta = -B'$ jusqu'à $\beta = +B$, $-B'$ et $+B$ étant les valeurs extrêmes que β peut recevoir sur un même plan α du côté A; enfin nous sommerons ces secondes sommes par rapport à α depuis $\alpha = -A'$ jusqu'à $\alpha = +A$, $-A'$ et $+A$ étant les valeurs extrêmes que α peut recevoir dans la portion du corps A. Évidemment cette triple sommation aura donné l'action totale de la portion A du corps sur la molécule m'; pour en déduire celle qu'exerce la portion A sur la portion B, il faudra successivement la sommer : 1° par rapport à γ' depuis $\gamma' = -1$ jusqu'à $\gamma' = -C'$, ces quantités étant les limites de γ' dans B; 2° par rapport à β' depuis $\beta' = -B'$ jusqu'à $\beta' = +B$; car ici on peut supposer les mêmes limites à A et à B; 3° par rapport à α' depuis $\alpha' = -A'$ jusqu'à $\alpha' = +A$. En divisant le chiffre représentatif de cette somme sextuple par celui qui représente l'aire de la surface de contact, on aura la force élastique due à l'attraction et rapportée à l'unité de surface.

On serait parvenu au même résultat en sommant d'abord par rapport à α, puis par rapport à β, ce qui aurait donné toutes les actions exercées sur m' par l'ensemble des points matériels situés sur un même plan parallèle à celui des γ; en faisant ensuite, par rapport à γ, la sommation de cette expression, on aurait l'action totale exercée sur le point matériel m' par la portion A. Recommençant ensuite dans le même ordre les sommations relatives à α', β', γ', on aurait l'action totale de A sur B; on choisira, suivant les cas, celle des deux marches qui semblera la plus commode.

Terminons cet article par quelques éclaircissements utiles.

Quand on considère deux planètes s'attirant mutuellement en raison inverse du carré des distances, on n'admet pas, quoique cela ait

lieu dans l'intérieur des corps solides, que les attractions qu'elles exercent réciproquement l'une sur l'autre doivent se détruire, parce qu'elles
sont égales et de sens opposé ; tout au contraire, comme leur ensemble
forme un tout de formes variables, on démontre que leurs efforts s'ajoutent pour les rapprocher, et que le mouvement relatif de l'une des planètes par rapport à l'autre est dû à la somme de ces deux efforts, ou
ce qui revient au même, au double de l'un d'eux. Il doit en être de
même pour les deux portions A et B composées de points mobiles.
L'action de B sur A doit être ajoutée à celle de B sur A et venir la
doubler. C'est donc le double de l'action, dont nous venons d'indiquer
le calcul, qui presse les deux portions du corps contre leur plan de séparation MM'M''. Mais, si du point M nous nous transportons en un
point voisin M''' extérieur au plan MM'M'', nous y trouvons que les deux
nouvelles portions du corps formées par le plan de séparation M'''M^{IV}M^{V}
parallèle à MM'M'' tendent à se presser contre ce plan M'''M^{IV}M^{V} avec
une énergie et une direction très-peu différentes de la première. La
seule différence qui puisse exister tient au passage de M en M'''. Supposons que le plan M'''M^{IV}M^{V} appartienne à la partie A comme le plan
MM'M'', la portion A sera sollicitée par deux forces à très-peu près
égales, tendant l'une à l'attirer vers MM'M'', l'autre à la ramener en sens
opposé vers M'''M^{IV}M^{V} ; ces deux efforts opposés se détruiront nécessairement, à part quelques variations dues aux différences de données
entre les deux points M et M'''. Pareille conséquence aurait visiblement
lieu si le plan M'''M^{IV}M^{V} appartenait à la portion B au lieu de la portion A. Et si des forces particulières appliquées en M sont capables de
détruire cette variation d'attraction quelle que soit la direction du
plan MM'M'', il n'y aura pas de motif pour amener en M de nouveaux
déplacements moléculaires, et il y aura équilibre. Si nous arrivons à
démontrer que cette condition de détruire les variations d'élasticité
dans tous les sens est remplie quand on y a satisfait sur trois plans différents se coupant en M, et que les équations reviennent à celles que
donnerait l'équilibre entre les attractions, nous aurons justifié la légitimité de la considération de la force élastique dans l'établissement des
équations de l'équilibre et du mouvement ; mais nous ne sommes pas
encore parvenus à entreprendre cette démonstration.

La méthode à suivre pour établir les équations de l'équilibre et du mouvement dans le cas des attractions consiste évidemment à calculer la résultante totale des attractions exercées sur M ; ici les attractions égales et opposées se détruisent ; car ce ne sont plus deux portions isolées tendant à se rapprocher, mais deux points qui sont sensiblement opposés deux à deux et tendent chacun à attirer à lui le même point M. Comme ces attractions ne sont pas tout à fait égales deux à deux à cause du changement apporté par les données de deux points différents, il restera des actions très-petites par rapport aux premières qui feront équilibre aux forces propres de la molécule.

Pour calculer les sommes d'attractions totales, nous considérerons un plan passant par le point M, un plan γ par exemple, et les deux plans γ immédiatement voisins, l'un en dessus, l'autre en dessous. Nous désignerons par A la portion du corps qui est limitée par le plan γ supérieur, et par B la portion du corps qui est limitée par le plan γ inférieur. Nous calculerons, comme nous l'avons déjà indiqué, l'attraction exercée par A et par B sur M. Ensuite nous partagerons le plan γ sur lequel M est situé, en une ligne α passant par ce point et deux portions limitées, l'une par la ligne α située à droite de M, et l'autre par la ligne α située à gauche ; nous calculerons les attractions de ces deux parties que nous ajouterons aux attractions déjà calculées ; enfin nous y ajouterons également les attractions des deux portions de la droite α situées en dehors de M. Évidemment ces sommes premières se détruiront pour la majeure partie ; il faudra recourir à leurs différences, qui sont visiblement indépendantes des plans avec lesquels on a partagé le corps.

§ V. — *Évaluation de* $S \frac{1}{r^{n-1}}$. — *Défaut des approximations admises, et, en particulier, de la série d'Euler pour les sommations.*

31. Nous allons aborder le calcul de $S \frac{1}{r^{n-1}}$ ou de $S \frac{u-u'}{r^{n+1}}$, qui nous est nécessaire, ainsi que nous l'avons vu précédemment, pour arriver à la connaissance d'une force élastique due à une attraction. La science ne donne pas de formules finies appropriées à la solution de cette question ; elle ne fournit qu'un développement en série dû à

Euler, et que Poisson a cru pouvoir employer dans quelques-uns de ses travaux, notamment dans son Mémoire inséré au XXe cahier du *Journal de l'École Polytechnique*. Ailleurs, il reconnait le défaut de convergence de cette série pour les sommes de $f(r)$ qui varient très-rapidement (*voyez* le *Mémoire sur l'équilibre et le mouvement des corps élastiques*, lu à l'Académie le 14 avril 1828, p. 43), et enfin, avec la plupart des géomètres, il a assimilé la valeur de $S \frac{1}{r^n}$ dans le cas de la matière discontinue à ce qu'elle est dans la matière continue; c'est aussi à ce résultat que conduit la formule d'Euler appliquée telle quelle, ainsi que l'ont fait Poisson et les autres géomètres. Mais les raisonnements employés pour justifier l'assimilation des deux natures de formules la condamnent dans le cas des distances moléculaires, c'est-à-dire dans l'étude des phénomènes moléculaires; la formule d'Euler, de son côté, ne donne plus alors de résultats exacts et tombe en défaut. Ce sont là deux points importants qu'il nous faut établir préalablement à toute nouvelle recherche. Commençons par l'examen des raisonnements consacrés à justifier l'assimilation des résultats obtenus pour la matière continue avec ceux que doit fournir la matière discontinue. Nous prendrons ces raisonnements dans le *Traité de Mécanique* de Poisson (2e édit., t. Ier, p. 175 et suiv.), parce qu'ils y sont développés avec beaucoup de soin et appliqués précisément aux formules de l'attraction; les voici :

« Il est évident... que la division de la masse en éléments infiniment petits, et la supposition d'une densité de chaque élément, qui ne varie pas dans les corps homogènes, ou qui varie par degrés insensibles dans les corps hétérogènes, ne conviennent pas aux corps naturels; mais cela n'empêche pas qu'on ne puisse faire usage des formules fondées sur cette considération, et qu'elles ne soient encore applicables lorsque les corps ont été divisés en parties de grandeur finie, mais tout à fait insensibles.

» En effet, les molécules sont si petites et si rapprochées les unes des autres, qu'une partie de la masse d'un corps qui en renferme des nombres immenses, peut encore être supposée extrêmement petite, et son volume regardé comme insensible. Soit v le volume d'une semblable partie, d'une grandeur insensible, et qui contient néanmoins des

myriades de molécules; soit aussi m la somme de leurs masses, et désignons par m un des points de v, qui sera, si l'on veut, son centre de
gravité. Si nous faisons

$$\frac{m}{v} = \rho,$$

ce rapport ρ exprimera réellement la densité du corps au point M,
quelles que soient d'ailleurs les masses des molécules, et leur distribution régulière ou irrégulière dans l'étendue de v. De même, en désignant par n le nombre de molécules que v renferme, et faisant

$$\frac{v}{n} = \varepsilon^3,$$

cette ligne ε, de grandeur insensible, pourra être appelée l'*intervalle
moyen des molécules* qui répond au point M et à la densité ρ.....

» Cela posé, si l'on veut connaître la masse d'un corps, ou plus généralement la somme des parties extrêmement petites de cette masse,
multipliées chacune par une fonction U des coordonnées de l'un de ses
points M, on divisera le volume V de ce corps en parties extrêmement
petites v, puis on fera la somme de tous les produits Uρv que j'indique-
rai par

$$\sum \text{U}\rho v,$$

et qui devra s'étendre à toutes les parties v de V. D'après le théorème
du n° 13 (que la somme des valeurs d'une différentielle où la variable
croit par degrés insensibles est égale à l'intégrale définie de cette différentielle), si les termes de cette somme étaient infiniment petits, et
que leur nombre fût infini, la valeur serait rigoureusement égale à l'intégrale définie

$$\int \text{U}\rho \, dv,$$

étendue au volume entier V, dont dv est l'élément différentiel. Or on conçoit qu'en général la différence entre cette somme et cette intégrale dimi-
nuera de plus en plus, à mesure que les parties de la première deviendront
plus petites, et que leur nombre sera plus grand, de telle sorte que la
grandeur de v étant insensible, mais toujours distincte de dv, on pourra

néanmoins prendre, sans erreur appréciable, l'intégrale à la place de la somme. *Il y a cependant une exception à ce principe général : c'est lorsque* U *est du genre des fonctions qui varient très-rapidement, et qu'en même temps cette quantité change de signe dans l'intégration ;* ce qui arrive effectivement dans le calcul des forces provenant de l'attraction moléculaire et de la répulsion calorifique, qui ne sont sensibles qu'à des distances insensibles. Mais il nous suffit, quant à présent, d'observer que *cette exception n'a aucun rapport avec les formules... relatives... aux attractions en raison inverse du carré des distances*, et qu'on peut conséquemment les appliquer aux corps naturels formés de molécules disjointes. »

Nous avons, dans l'extrait de Poisson, souligné les assertions qui deviennent contradictoires quand on envisage les attractions qui s'exercent dans des intervalles comparables aux distances moléculaires. Il est inexact, en effet, d'avancer que l'exception motivée sur la variation rapide de U n'a aucun rapport avec les formules relatives aux attractions en raison inverse du carré des distances, et *à fortiori* d'une puissance plus grande, dès qu'il s'agit d'un point intérieur; en effet, pour l'attraction en raison inverse du carré de la distance, si nous cherchons la composante totale, parallèlement à l'axe des x, de l'attraction exercée sur un point intérieur, nous trouvons

$$U = \frac{x - x'}{r^3}.$$

Or nous avons

$$r^2 = (x - x')^2 + (y - y')^2 + (z - z')^2,$$

et si nous supposons

$$\sqrt{(y - y')^2 + (z - z')^2} = 0^m,000001,$$

distance au moins aussi grande que beaucoup de distances moléculaires, nous voyons que, dans le très-court intervalle de $x - x' = -0^m,0001$ à $x - x' = +0^m,0001$, U varie, en nombres ronds, de -100000000 à $+100000000$ en passant par zéro. Il est donc impossible de ne pas voir en ceci une variation très-rapide des grandeurs de U et un changement de signe. Donc, bien loin de justifier l'emploi des formules de la matière continue pour les attractions intérieures d'un corps en raison

12

inverse du carré de la distance, et *à fortiori* de puissances plus grandes, le raisonnement de Poisson montre que cet emploi est défectueux ou peut l'être pour la gravitation universelle.

32. Passons maintenant à la série d'Euler, et démontrons qu'elle tombe en défaut quand le point attiré est très-rapproché d'une partie des points du corps attirant, ce qui arrive toujours quand on considère les actions moléculaires. Toutefois il est très-facile d'en déduire une autre série convergente exprimant la différence entre la série ordinaire et la réalité, et c'est cette dernière, malheureusement prolixe en général, qui nous sera la plus utile. Commençons par exposer brièvement ce qu'est la série d'Euler.

Soit u une fonction de x et d'une constante h, qui peut ne pas figurer explicitement dans u. Si l'on désigne, conformément à l'usage le plus répandu, par $\sum u$ la fonction de x et de h qui croit de u, tandis que x croit de h, on aura la relation

$$(69) \quad \left\{ \begin{aligned} \sum u = \frac{1}{h}\int u\,dx - \frac{1}{2}u + \frac{h}{12}\frac{du}{dx} - \frac{h^3}{720}\frac{d^3u}{dx^3} \\ + \frac{h^5}{30240}\frac{d^5u}{dx^5} - \frac{h^7}{1\,209\,600}\frac{d^7u}{dx^7} + \frac{h^9}{47\,900\,160}\frac{d^9u}{dx^9} - \cdots \end{aligned} \right.$$

Cette formule comporte une constante arbitraire que nous n'y avons pas fait figurer, parce qu'elle se confond avec celle de l'intégrale indéfinie $\int u\,dx$. On sait d'ailleurs que $\sum u$ est la somme des valeurs consécutives que prend la fonction u quand on y fait successivement $x = a$, $x = a + h$, $x = a + 2h, \ldots$, $x = a + (n-1)h$, n représentant le nombre de fois que h est contenu dans $x - a$. Si donc on veut la somme $\mathbf{S}\,u$ de toutes ces valeurs, u compris, il faudra ajouter u à $\sum u$, et l'on aura la nouvelle relation (*voyez* Lacroix, *Traité de calcul différentiel et intégral*, t. III)

$$(70) \quad \left\{ \begin{aligned} \mathbf{S}\,u = \frac{1}{h}\int u\,dx + \frac{1}{2}u + \frac{h}{12}\frac{du}{dx} - \frac{h^3}{720}\frac{d^3u}{dx^3} \\ + \frac{h^5}{30240}\frac{d^5u}{dx^5} - \frac{h^7}{1\,209\,600}\frac{d^7u}{dx^7} + \frac{h^9}{47\,900\,160}\frac{d^9u}{dx^9} - \cdots \end{aligned} \right.$$

Veut-on en déduire l'expression de $S \frac{1}{r^{n-1}}$ dans toute l'étendue d'un corps par rapport à un point extérieur m? Il n'y a qu'à suivre l'une des marches indiquées dans le n° **30** pour obtenir l'attraction totale exercée sur le point extérieur m' par la portion A du corps. Choisissons d'abord la seconde méthode, et calculons $S \frac{1}{r^{n-1}}$ pour tous les points situés sur une même ligne α, en employant à cet effet la formule (70); il suffira de remplacer dans cette dernière u par $\frac{1}{r^{n-1}}$, dx par $d\alpha h$, et de retrancher la valeur que prend le second membre quand on y fait $\alpha = - A'$ de la valeur qu'il prend quand on y fait $\alpha = + A$; soit P cette somme; une nouvelle application de la formule (70), dans laquelle u et h seront remplacés par P et k, dx par $d\beta k$, nous donnera la somme de toutes les quantités $\frac{1}{r^{n-1}}$ pour une surface γ quelconque, pourvu qu'on l'ait prise entre les limites $- B'$ et $+ B$; soit Q cette somme; mettons Q, l et $d\gamma l$ aux places respectives de u, h et dx dans la formule (70), et prenons-la entre les limites $\gamma = 0$ et $\gamma = + C$; nous aurons la somme totale des actions exercées par A sur le point m'. Il suit de cette marche que, si les limites $\alpha = - A'$, $\alpha = A$; $\beta = - B'$, $\beta = B$; $\gamma = 0$, $\gamma = C$ sont éloignées des valeurs du point m', les termes du deuxième membre, à partir du second, auront leurs coefficients $\frac{1}{2} u$, $\frac{1}{12} \frac{du}{dx}$, $\frac{1}{720} \frac{d^3 u}{dx^3}$, $\cdots$ finis, et même généralement décroissants; ils seront donc chacun d'un ordre inférieur par rapport au précédent, puisqu'ils contiendront h à une puissance de une ou deux unités plus forte que dans le terme précédent. Nous pouvons donc, sans erreur sensible, les négliger tous par rapport au premier, et notre calcul nous aura conduits, en dernière analyse, à la formule suivante :

$$SSS \frac{1}{r^{n-1}} = \frac{1}{hkl} \int_{-A'}^{A} \int_{-B'}^{B} \int_{0}^{C} \frac{d\alpha h\, d\beta k\, d\gamma l}{r^{n-1}}.$$

Multiplions les deux membres par la masse $\mu = \rho hkl$, qui, étant constante, peut entrer sous les signes sommatoires; remplaçons ensuite, dans le second membre, ρ par sa valeur (65) et appliquons la rela-

12.

tion (66) et la relation (67); nous trouverons

$$(71) \qquad SSS \frac{\mu}{r^{n-1}} \int_{-a'}^{a} \int_{-b'}^{b} \int_{-c'}^{c} \frac{\Gamma \, dx \, dy \, dz}{r^{n-1}} \; ;$$

— a′, a, — b′, b, — c′, c étant les limites d'intégration du corps par rapport aux x, y, z, ce qui est la formule donnée par l'hypothèse de la matière continue.

L'emploi de la formule d'Euler nous conduit donc identiquement, et même sans réserves, au même résultat que le raisonnement de Poisson, c'est-à-dire à admettre l'identité, à des quantités insensibles près, des formules déduites de l'hypothèse de la continuité avec celles que donnerait le fait de la discontinuité. C'est une vérification merveilleuse à première vue; mais au fond elle n'est qu'illusion dans le cas des distances moléculaires, car la formule d'Euler tombe en défaut toutes les fois que la distance du point attiré au corps attirant ne dépasse pas dans une proportion très-notable les intervalles des points matériels qui composent ce dernier. Nous allons le démontrer.

33. Nous savons que, dans le voisinage du point attiré, on peut remplacer, sans erreur sensible, les courbes α par des droites. Considérons-les donc comme telles, et abaissons du point attiré M une perpendiculaire à une de ces droites que nous supposerons très-rapprochée de M dans le voisinage du pied P de la perpendiculaire, mais non à ses extrémités; appelons enfin R la longueur MP. Soient ξh la distance du pied P de la perpendiculaire au premier point matériel voisin du côté où les α croissent, λ la valeur de α en P; λ sera entier si P est un point matériel, et alors $\xi = 1$; il sera nécessairement fractionnaire dans le cas contraire, et alors $\xi < 1$. La distance r du point M à un point M′ quelconque de la droite α sera donnée par la relation

$$(72) \qquad r^2 = R^2 + (\alpha - \lambda)^2 h^2.$$

Or, au lieu d'appliquer la formule (70) de $\alpha = -A$ à $\alpha = A'$, appliquons-la de $\alpha = -A$ à $\alpha = \lambda + \xi$, et de $\alpha = \lambda + \xi$ à $\alpha = A'$; il est visible que la somme des valeurs $\frac{1}{r^{n-1}}$ correspondant à la ligne totale se composera de ces deux sommes partielles, dans la dernière desquelles on supposera $S\frac{1}{r^{n-1}}$ nulle à l'origine $\alpha = \text{\textit{\textbf{}}} + \xi$, puisque la valeur correspondante de $\frac{1}{r^{n-1}}$ est comprise dans la première des deux sommes partielles. Mais alors chacune des dérivées partielles correspondant à la limite $\alpha = \text{\textit{\textbf{}}} + \xi$ cesse d'être une petite quantité quand $R^2 + \xi^2 h^2$ est < 1; elle devient très-grande, au contraire, quand $R^2 + \xi^2 h^2$ diminue; elle est énorme quand $\sqrt{R^2 + \xi^2 h^2}$ approche de l'ordre h, et il n'est plus permis d'en négliger le produit par une puissance de h. Il y a plus : la série deviendra généralement divergente en ce cas, parce que les coefficients de la série d'Euler n'ont pas une décroissance de plus en plus grande. Cherchons, en effet, les dérivées successives de $\frac{1}{r^{n-1}}$; nous trouverons

$$\frac{d\left(\frac{1}{r^{n-1}}\right)}{d\alpha h} = \frac{dr^{-n+1}}{dx} = -\frac{(n-1)x}{r^{n+1}},$$

$$\frac{d^2 r^{-n+1}}{dx^2} = \frac{(1+2)(n-1)(n+1)x}{r^{n+3}} - \frac{(n-1)(n+1)(n+3)x^3}{r^{n+5}},$$

$$\frac{d^3 r^{-n+1}}{dx^3} = -\frac{[1+2+2(1+2+3)](n-1)(n+1)(n+3)x}{r^{n+5}}$$
$$+ \frac{(1+2+3+4)(n-1)(n+1)(n+3)(n+5)x^3}{r^{n+7}}$$
$$- \frac{(n-1)(n+1)(n+3)(n+5)(n+7)x^5}{r^{n+9}},$$

$$\frac{d^4 r^{-n+1}}{dx^4} = \frac{\begin{Bmatrix}[1+2+2(1+2+3)+2[1+2+2(1+2+3)+3(1+2+3+4)]]\\ \times (n-1)(n+1)(n+3)(n+5)x\end{Bmatrix}}{r^{n+7}}$$
$$- \frac{\begin{Bmatrix}[1+2+2(1+2+3)+3(1+2+3+4)+4(1+2+3+4+5)]\\ \times (n-1)(n+1)(n+3)(n+5)(n+7)x^3\end{Bmatrix}}{r^{n+9}}$$
$$+ \frac{(1+2+3+4+5+6)(n-1)(n+1)(n+3)(n+5)(n+7)(n+9)x^5}{r^{n+11}}$$
$$- \frac{(n-1)(n+1)(n+3)(n+5)(n+7)(n+9)(n+11)x^7}{r^{n+13}}, \ldots.$$

Notre but étant uniquement de prouver la possibilité de la divergence de la série (70), considérons le cas où le rapport $\frac{x}{r}$ est très-petit sans être nul; alors la valeur des dérivées précédentes se réduit sensiblement au premier terme du second membre, et l'on voit qu'elles croissent alors dans une proportion bien plus rapide que $\frac{i(n+i)}{r^2}$, c'est-à-dire que, pour déduire le premier terme du développement de

$$\frac{d^{i+2} r^{-n+1}}{dx^{i+2}}$$

de celui de

$$\frac{d^i r^{-n+1}}{dx^i},$$

il faut multiplier la dernière quantité par un facteur plus grand que $\frac{i(n+i)}{r^2}$. D'un autre côté, le rapport de deux coefficients numériques de la série (70) s'approche rapidement de $\frac{1}{4\varpi^2}$ qu'il ne dépasse pas (*voyez* Legendre, *Traité des Fonctions elliptiques*, t. II, p. 575); donc, quand $\frac{x}{r}$ est très-petit, sans être nul, les termes successifs de la série (70) approchent rapidement d'être chacun le produit du précédent par une quantité $> \frac{h^2}{4\pi^2} \frac{i(n+i)}{r^2}$. Dans cette quantité, le facteur $\frac{h^2}{4\pi^2 r^2}$ est constant, et de plus très-appréciable quand h n'est pas négligeable par rapport à r; mais $i(n+i)$ croît au delà de toute limite. Donc, passé un certain terme de la série (70), lequel variera suivant les grandeurs respectives de x et de r, chaque terme sera plus grand que le précédent, et l'expression de la série qu'on en déduira pour $\alpha = \mathscr{A} + \xi$ sera divergente.

Si nous avions $\xi = o$, les dérivées successives $\frac{dr^{-n+1}}{dx}$, $\frac{d^2 r^{-n+1}}{dx^2}$, ..., seraient nulles, puisqu'elles sont toutes multiples de ξ, et la série (70) se réduirait à ses deux premiers termes : ce qu'on sait être un cas où la série d'Euler tombe en défaut (*voyez* le tome II déjà cité du *Traité des Fonctions elliptiques*).

Ainsi, que $x = \xi h$ soit nul, ou qu'il soit très-petit par rapport à r, si $\frac{h}{r}$ n'est pas une quantité excessivement petite, la série (70) sera toujours en défaut pour $x = (\mathcal{A} + \xi)h$, et les deux sommes partielles en lesquelles nous avons partagé $S\frac{1}{r^{n-1}}$ contiendront chacune une série de termes divergents. On ne peut donc alors rien conclure de leurs sommes, quoique les termes divergents s'y détruisent (*voyez* le *Traité de Calcul différentiel*, de M. Bertrand, p. 230), c'est-à-dire de la série (70) appliquée dans toute l'étendue de la droite α entre les limites $-A$ et $+A'$; les géomètres sont tous aujourd'hui d'accord sur ce point qu'on ne peut tirer aucune conclusion sérieuse de suites divergentes.

Ainsi, la formule (70) est inapplicable au cas où $\frac{h}{r}$ est >1 ou pas beaucoup plus petit que 1 dans une portion de la droite α située entre les deux limites entre lesquelles on considère cette droite. Ce cas arrive nécessairement pour les points situés dans l'intérieur d'un corps ; donc, ainsi que nous l'avions annoncé, la série d'Euler tombe en défaut quand il s'agit de l'appliquer aux actions moléculaires.

Comme $i(n+i)$ croit au delà de toute limite, il arrive toujours un terme où $\frac{h^2}{4\pi^2} \frac{i(n+i)}{r^2}$ est >1, quel que puisse être $\frac{h}{r}$; par conséquent, la formule (70) appliquée au développement de $S\frac{1}{r^{n-1}}$ arrive toujours à être divergente à partir d'un certain terme quand $\frac{x^2}{r^2}$ est négligeable. Mais évidemment ce fait se produira d'autant plus tard, que $\frac{h}{r}$ sera plus petit, et l'on aura une série demi-convergente capable de donner une approximation d'autant plus grande, que r sera plus grand.

34. Nous trouvons là un procédé qui nous permet de substituer à la formule (70), quand elle tombe en défaut, des expressions de même nature, mais toujours suffisamment convergentes et pratiques. En effet, mettons à part un, deux, ou un plus grand nombre de points de chaque côté du pied P de la perpendiculaire; calculons directement pour eux les valeurs de $\frac{1}{r^{n-1}}$; calculons également, par la formule (70), les sommes des valeurs de $\frac{1}{r^{n-1}}$ pour les points situés à droite et à

gauche, ce qui pourra se faire avec d'autant plus d'exactitude qu'on aura séparé plus de points, et faisons la somme de toutes ces quantités partielles; nous aurons la somme cherchée. C'est ce qu'il s'agit d'écrire en formules.

Séparons seulement un point de chaque côté du pied P de la perpendiculaire; désignons respectivement par A, $\mathcal{A}+\xi-2$, $\mathcal{A}+\xi-1$, $\mathcal{A}+\xi$, $\mathcal{A}+\xi+1$, A' les valeurs de α correspondant à une extrémité de la droite α (celle des α décroissants), aux deux points du même côté les plus voisins du pied P de la perpendiculaire, aux deux points consécutifs de l'autre côté, et à l'extrémité du côté où les α croissent; appelons r', r'', r''', r^{iv}, r^{v}, r^{vi} les rayons correspondant respectivement aux mêmes points; désignons encore, pour abréger, par

$$\frac{d^i\left(\frac{1}{r'^{n-1}}\right)}{d\,\overline{\alpha h}^i}, \quad \frac{d^i\left(\frac{1}{r''^{n-2}}\right)}{d\,\overline{\alpha h}^i}, \quad \frac{d^i\left(\frac{1}{r'''^{n-1}}\right)}{d\,\overline{\alpha h}^i}, \ldots ,$$

ce que devient

$$\frac{d^i\left(\frac{1}{r^{n-1}}\right)}{d\,\overline{\alpha h}^i}$$

quand on y remplace les éléments généraux par les éléments particuliers répondant respectivement à r', r'', r''',…; l'application de la formule (70) aux valeurs de $\frac{1}{r^{n-1}}$ depuis $\alpha = A$ jusqu'à $\alpha = \mathcal{A}+\xi-2$ donnera, en observant que, pour l'extrémité gauche où $\alpha = A$, on a

$$\mathbf{S}\,\frac{1}{r^{n-1}} = \frac{1}{r'^{n-1}},$$

$$\frac{1}{h}\int_A^{\mathcal{A}+\xi-2} \frac{d\alpha h}{r^{n-1}} + \frac{1}{2\,r'^{n-1}} + \frac{1}{2\,r''^{n-1}} + \frac{h}{12}\left(\frac{dr''^{-n+1}}{d\alpha h} - \frac{dr'^{-n+1}}{d\alpha h}\right)$$
$$- \frac{h^3}{720}\left(\frac{d^3 r''^{-n+1}}{d\alpha h^3} - \frac{d^3 r'^{-n+1}}{d\alpha h^3}\right) + \frac{h^5}{30240}\left(\frac{d^5 r''^{-n+1}}{d\alpha h^5} - \frac{d^5 r'^{-n+2}}{d\alpha h^5}\right) - \ldots$$

Les deux points considérés isolément donneront

$$\frac{1}{r'''^{n-1}} + \frac{1}{r^{\text{iv}\,n-1}};$$

et enfin la dernière portion de la droite fournira, par l'application de la formule (70) et la considération qu'au point $\alpha = \mathcal{A}_0 + \xi - 1$ la somme des termes de cette dernière série se réduit au terme unique $\frac{1}{r^{\vee n-1}}$,

$$\frac{1}{h}\int_{\mathcal{A}_0+\xi+1}^{A}\frac{d\alpha h}{r^{n-1}} + \frac{1}{2\,r^{\vee n-1}} + \frac{1}{2\,r^{\vee:n-1}} + \frac{h}{12}\left(\frac{dr^{\vee i-n+1}}{d\alpha h} - \frac{dr^{\vee-n+1}}{d\alpha h}\right)$$

$$-\frac{h^3}{720}\left(\frac{d^3 r^{\vee i-n+1}}{d\overline{\alpha h}^3} - \frac{d^3 r^{\vee-n+1}}{d\overline{\alpha h}^3}\right) + \frac{h^5}{30\,240}\left(\frac{d^5 r^{\vee i-n+1}}{d\overline{\alpha h}^5} - \frac{d^5 r^{\vee-n+1}}{d\overline{\alpha h}^5}\right) - \ldots$$

Observons aussi qu'on a

$$\int_{A}^{\mathcal{A}_0-2+\xi}\frac{d\alpha h}{r^{n-1}} + \int_{\mathcal{A}_0+1+\xi}^{A'}\frac{d\alpha h}{r^{n-1}} = \int_{A}^{A'}\frac{d\alpha h}{r^{n-1}} - \int_{\mathcal{A}_0+\xi-2}^{\mathcal{A}_0+\xi+1}\frac{d\alpha h}{r^{n-1}},$$

et que chacune des intégrales des deux membres est déterminée; car la dérivée n'y passe point par l'infini entre les limites de l'intégration, quoique y devenant incontestablement très-grande; nous aurons, en ajoutant toutes les quantités partielles obtenues ci-dessus,

$$(73)\quad \begin{aligned}
S\,\frac{1}{r^{n-1}} &= \frac{1}{h}\int_{A}^{A'}\frac{d\alpha h}{r^{n-1}} - \frac{1}{h}\int_{\mathcal{A}_0+\xi-2}^{\mathcal{A}_0+\xi+1}\frac{d\alpha h}{r^{n-1}}\\[4pt]
&+ \frac{1}{2\,r^{n-1}} + \frac{1}{2\,r^{n-1}} + \frac{1}{r^{m}n-1} + \frac{1}{r^{\vee n-1}} + \frac{1}{2\,r^{\vee n-1}} + \frac{1}{2\,r^{\vee:n-1}}\\[4pt]
&+ \frac{h}{12}\left(\frac{dr^{\vee i-n+1}}{d\alpha h} - \frac{dr^{\vee-n+1}}{d\alpha h} + \frac{dr''-n+1}{d\alpha h} - \frac{dr'-n+1}{d\alpha h}\right)\\[4pt]
&- \frac{h^3}{720}\left(\frac{d^3 r^{\vee i-n+1}}{d\overline{\alpha h}^3} - \frac{d^3 r^{\vee-n+1}}{d\overline{\alpha h}^3} + \frac{d^3 r''-n+1}{d\overline{\alpha h}^3} - \frac{d^3 r'-n+1}{d\overline{\alpha h}^3}\right)\\[4pt]
&+ \frac{h^5}{30\,240}\left(\frac{d^5 r^{\vee i-n+1}}{d\overline{\alpha h}^5} - \frac{d^5 r^{\vee-n+1}}{d\overline{\alpha h}^5} + \frac{d^5 r''-n+1}{d\overline{\alpha h}^5} - \frac{d^5 r'-n+1}{d\overline{\alpha h}^5}\right)\\[4pt]
&- \frac{h^7}{1\,209\,600}\left(\frac{d^7 r^{\vee i-n+1}}{d\overline{\alpha h}^7} - \frac{d^7 r^{\vee-n+1}}{d\overline{\alpha h}^7} + \frac{d^7 r''-n+1}{d\overline{\alpha h}^7} - \frac{d^7 r'-n+1}{d\overline{\alpha h}^7}\right) + \ldots
\end{aligned}$$

13

Posons, pour abréger,

$$
(74)\ \begin{cases}
L = \dfrac{1}{h}\displaystyle\int_{A}^{A'}\dfrac{d\,\alpha\,h}{r^{n-1}} + \dfrac{1}{2\,r^{\mathrm{v}\mathrm{i}n-1}} + \dfrac{1}{2\,r'^{n-1}} + \dfrac{h}{12}\left(\dfrac{dr^{\mathrm{vi}-n+1}}{d\,\alpha\,h} - \dfrac{dr'^{-n+1}}{d\,\alpha\,h}\right) \\[3mm]
\qquad - \dfrac{h^3}{720}\left(\dfrac{d^3 r^{\mathrm{vi}-n+1}}{d\,\overline{\alpha\,h}^3} - \dfrac{d^3 r'^{-n+1}}{d\,\overline{\alpha\,h}^3}\right) + \dfrac{h^5}{30\,240}\left(\dfrac{d^5 r^{\mathrm{vi}-n+1}}{d\,\overline{\alpha\,h}^5} - \dfrac{d^5 r'^{-n+1}}{d\,\overline{\alpha\,h}^5}\right) \\[3mm]
\qquad - \dfrac{h^7}{1\,209\,600}\left(\dfrac{d^7 r^{\mathrm{vi}-n+1}}{d\,\overline{\alpha\,h}^7} - \dfrac{d^7 r'^{-n+1}}{d\,\overline{\alpha\,h}^7}\right) + \cdots,
\end{cases}
$$

$$
(74\,bis)\ \begin{cases}
M = -\dfrac{1}{h}\displaystyle\int_{\alpha_0+\xi-2}^{\alpha_0+\xi+1}\dfrac{d\,\alpha\,h}{r^{n-1}} + \dfrac{1}{2\,r''^{n-1}} + \dfrac{1}{r'''^{n-1}} + \dfrac{1}{r^{\mathrm{iv}n-1}} + \dfrac{1}{2\,r^{\mathrm{v}n-1}} \\[3mm]
\qquad - \dfrac{h}{12}\left(\dfrac{dr^{\mathrm{v}-n+1}}{d\,\alpha\,h} - \dfrac{dr''-n+1}{d\,\alpha\,h}\right) + \dfrac{h^3}{720}\left(\dfrac{d^3 r^{\mathrm{v}-n+1}}{d\,\overline{\alpha\,h}^3} - \dfrac{d^3 r''-n+1}{d\,\overline{\alpha\,h}^3}\right) \\[3mm]
\qquad - \dfrac{h^5}{30\,240}\left(\dfrac{d^5 r^{\mathrm{v}-n+1}}{d\,\overline{\alpha\,h}^5} - \dfrac{d^5 r''-n+1}{d\,\overline{\alpha\,h}^5}\right) + \dfrac{h^7}{1\,209\,600}\left(\dfrac{d^7 r^{\mathrm{v}-n+1}}{d\,\overline{\alpha\,h}^7} - \dfrac{d^7 r''-n+1}{d\,\overline{\alpha\,h}^7}\right) \\[3mm]
\qquad - \dfrac{h^9}{47\,900\,160}\left(\dfrac{d^9 r^{\mathrm{v}-n+1}}{d\,\overline{\alpha\,h}^9} - \dfrac{d^9 r''-n+1}{d\,\overline{\alpha\,h}^9}\right) + \cdots;
\end{cases}
$$

nous aurons

$$
(75)\qquad\qquad \mathbf{S}\,\dfrac{1}{r^{n-1}} = L + M.
$$

L est évidemment l'expression (70) appliquée à la manière ordinaire; M en est la correction. On continuerait les sommations de la sorte, et nous y reviendrons plus tard; mais nous les laisserons momentanément de côté, et nous exposerons une série de calculs numériques destinés à faire bien comprendre le cas où cette correction devient nécessaire et à éclairer sur la grandeur qu'elle peut atteindre.

35. Nous supposerons, dans ce qui va suivre, deux cents points placés en ligne droite, à une distance constante h l'un de l'autre; entre le centième et le cent unième, prenons un point P et élevons-y une perpendiculaire à la droite dont il s'agit; sur cette perpendiculaire, prenons un point extérieur M, et désignons par ph la longueur MP, par ξh la distance du point P au cent unième point. Dans ces conditions, j'ai calculé directement, à quatre décimales, les valeurs de $\dfrac{1}{r}$ pour deux cents points, dans diverses hypothèses sur les valeurs de ξ et de p, en supposant $h = 1$, puis j'en ai fait les sommes. J'ai calculé en même temps les

valeurs de $S\frac{1}{r}$ en les supposant successivement : 1° égales à L, comme on ferait si on ne corrigeait par la formule d'Euler; 2° égales à L + M, comme cela doit être réellement. J'ai réuni ces résultats dans un tableau synoptique qui montre combien l'on s'écarte quelquefois de la vérité en appliquant telle quelle la formule d'Euler, qui correspond à l'assimilation des résultats de la matière continue à ceux de la matière discontinue; combien, par conséquent, cette assimilation peut entraîner d'erreurs en fait d'actions moléculaires; car, lorsque h est très-petit, M s'annule pour des distances sensibles. Les formules admises ne pèchent donc que dans leur application aux faits intérieurs.

Voici les données de la question pour la file de deux cents points :

$$n = 2, \quad A = -100 + \xi, \quad \mathcal{A}_0 = 0, \quad A' = 99 + \xi, \quad MP = p, \quad h = 1;$$

$$r'^2 = (100 - \xi)^2 + p^2, \quad r''^2 = (2 - \xi)^2 + p^2, \quad r'''^2 = (1 - \xi)^2 + p^2,$$
$$r^{IV2} = \xi^2 + p^2, \qquad r^{V2} = (1 + \xi)^2 + p^2, \quad r^{VI2} = (99 + \xi)^2 + p^2;$$

$$\frac{dr}{d\alpha} = \frac{\alpha}{r}, \quad \frac{d^2 r}{d\alpha^2} = \frac{p^2}{r^3}, \quad \frac{d^3 r}{d\alpha^3} = -\frac{3 p^2 \alpha}{r^5}, \quad \frac{d^4 r}{d\alpha^4} = -\frac{3 p^2}{r^5} + \frac{15 p^2 \alpha^2}{r^7},$$
$$\frac{d^5 r}{d\alpha^5} = \frac{45 p^2 \alpha}{r^7} - \frac{105 p^2 \alpha^3}{r^9}, \cdots,$$

$$\frac{dr^{-1}}{d\alpha} = -\frac{\alpha}{r^3}, \quad \frac{d^3 r^{-1}}{d\alpha^3} = \frac{9 p^2 \alpha - 6 \alpha^3}{r^7}, \quad \frac{d^5 r^{-1}}{d\alpha^5} = \frac{-225 p^4 \alpha + 600 p^2 \alpha^3 - 120 \alpha^5}{r^{11}}, \cdots;$$

$$\int_A^{A'} \frac{d\alpha}{r} = \log \frac{\left[99 + \xi + \sqrt{(99 + \xi)^2 + p^2}\right]\left[100 - \xi + \sqrt{(100 - \xi)^2 + p^2}\right]}{p^2},$$

$$\int_{-2+\xi}^{1+\xi} \frac{d\alpha}{r} = \log \frac{\left[2 - \xi + \sqrt{(2 - \xi)^2 + p^2}\right]\left[1 + \xi + \sqrt{(1 + \xi)^2 + p^2}\right]}{p^2}.$$

On en tire

$$L = \log \left\{ \frac{\left[99 + \xi + \sqrt{(99 + \xi)^2 + p^2}\right]\left[100 - \xi + \sqrt{(100 - \xi)^2 + p^2}\right]}{p^2} \right\}$$

$$+ \frac{1}{2} \left\{ \frac{1}{\left[(100 - \xi)^2 + p^2\right]^{\frac{1}{2}}} + \frac{1}{\left[(99 + \xi)^2 + p^2\right]^{\frac{1}{2}}} \right\}$$

$$- \frac{1}{12} \left\{ \frac{100 - \xi}{\left[(100 - \xi)^2 + p^2\right]^{\frac{3}{2}}} + \frac{99 + \xi}{\left[(99 + \xi)^2 + p^2\right]^{\frac{3}{2}}} \right\}$$

$$+ \frac{1}{240} \left\{ \frac{2(100 - \xi)^3 - 3 p^2 (100 - \xi)}{\left[(100 - \xi)^2 + p^2\right]^{\frac{7}{2}}} + \frac{2(99 + \xi)^3 - 3 p^2 (99 + \xi)}{\left[(99 + \xi)^2 + p^2\right]^{\frac{7}{2}}} \right\} - \cdots;$$

13.

$$M = -\log\left\{\frac{\left[2-\xi+\sqrt{(2-\xi)^2+p^2}\right]\left[1+\xi+\sqrt{(1+\xi)^2+p^2}\right]}{p^2}\right\}$$

$$+\frac{1}{2}\frac{1}{\sqrt{(2-\xi)^2+p^2}}+\frac{1}{\sqrt{(1-\xi)^2+p^2}}+\frac{1}{\sqrt{\xi^2+p^2}}+\frac{1}{2}\frac{1}{\sqrt{(1+\xi)^2+p^2}}$$

$$+\frac{1}{12}\left\{\frac{2-\xi}{\left[(2-\xi)^2+p^2\right]^{\frac{3}{2}}}+\frac{1+\xi}{\left[(1+\xi)^2+p^2\right]^{\frac{3}{2}}}\right\}$$

$$+\frac{1}{240}\left\{\frac{3p^2(2-\xi)-2(2-\xi)^3}{\left[(2-\xi)^2+p^2\right]^{\frac{7}{2}}}+\frac{3p^2(1+\xi)-2(1+\xi)^3}{\left[(1+\xi)^2+p^2\right]^{\frac{7}{2}}}\right\}$$

$$+\frac{1}{2016}\left\{\frac{8(2-\xi)^5-40p^2(2-\xi)^3+15p^4(2-\xi)}{\left[(2-\xi)^2+p^2\right]^{\frac{11}{2}}}\right.$$

$$\left.+\frac{8(1+\xi)^5-40p^2(1+\xi)^3+15p^4(1+\xi)}{\left[(1+\xi)^2+p^2\right]^{\frac{11}{2}}}\right\}+\ldots$$

Il n'y a pas lieu de pousser le calcul de ces formules au delà de $\xi = 0,50$, parce que évidemment, à cause de la symétrie qui existe dans les valeurs de M et de $S\frac{1}{r^{n-1}}$, elles seront les mêmes pour $\xi + 0,50 + \varepsilon$ que pour $\xi = 0,50 - \varepsilon$. Ceci posé, le résultat de mes calculs est consigné dans le tableau suivant.

Tableau des valeurs de $S\frac{1}{r}$ pour une file de deux cents points.

Valeurs de ξ.	p = 0,05.			p = 0,10.			p = 0,15.			p = 0,20.		
	L.	L + M.	Calcul direct.	L.	L + M.	Calcul direct.	L.	L + M.	Calcul direct.	L.	L + M.	Calcul direct.
0,0	16,588	30,360	30,363	15,202	20,354	20,354	14,391	17,006	17,006	13,815	15,319	15,319
0,1	16,588	19,331	19,331	15,202	17,449	17,449	14,391	15,907	15,909	13,816	14,812	14,813
0,2	16,588	15,311	15,312	15,202	14,922	14,922	14,391	14,432	14,432	13,816	13,943	13,944
0,3	16,588	13,883	13,883	15,202	13,743	13,743	14,391	13,539	13,540	13,816	13,301	13,301
0,4	16,588	13,286	13,287	15,202	13,211	13,212	14,391	13,094	13,094	13,816	12,946	12,947
0,5	16,588	13,117	13,117	15,202	13,056	13,056	14,391	12,960	12,960	13,816	12,835	12,835

Les très-légères différences que ce tableau présente entre les nombres provenant du calcul direct et ceux provenant des formules complètes tiennent : les unes, au peu de convergence des formules pour $p = 0,05$ et ξ très-petit; les autres, sans doute, aux forts centièmes de l'approximation à laquelle je me suis arrêté; car je n'ai pas réussi à les faire disparaître en répétant et vérifiant mes calculs à diverses reprises. J'ai mieux aimé les laisser subsister que choisir au hasard entre deux chiffres; elles témoigneront de la loyauté des résultats.

Il suffit de jeter les yeux sur ce tableau pour voir combien la valeur de L s'écarte de la réalité dont elle n'approche qu'en un point variable avec p, et compris entre $\xi = 0,15$ et $\xi = 0,25$. Elle n'a pas toutefois la constance par rapport à ξ que le tableau semble indiquer; c'est une apparence due au petit nombre de décimales qui y sont conservées; seulement, la légère variation de L qu'on trouve en faisant entrer en ligne de compte les décimales négligées est précisément en sens contraire de celle qu'éprouve la véritable valeur de $S\frac{1}{r}$. C'est ce que montre surabondamment le tableau suivant.

Tableau des valeurs de L calculées à sept décimales.

Valeurs de p.	VALEURS DE L POUR					
	$\xi = 0,0$.	$\xi = 0,1$.	$\xi = 0,2$.	$\xi = 0,3$.	$\xi = 0,4$.	$\xi = 0,5$.
0,05	16,5880 826	16,5880 916	16,5880 986	16,5881 037	16,5881 066	16,5881 086
0,10	15,2017 888	15,2017 973	15,2018 042	15,2018 093	15,2018 122	15,2018 131
0,15	14,3908 580	14,3908 670	14,3908 740	14,3908 790	14,3908 820	14,3908 830
0,20	13,8154 939	13,8155 029	13,8155 099	13,8155 169	13,8155 199	13,8155 209

36. Il est intéressant de se rendre compte de la rapidité avec laquelle la valeur de M décroît quand p augmente. A cet effet, j'ai calculé, pour les valeurs de ξ considérées ci-dessus, les valeurs de M répondant à des valeurs de p de plus en plus grandes, et je les ai consignées dans le premier des tableaux suivants. Il montre que les cinq premières décimales de M sont déjà nulles quand $p = 10$: ce qui, en fait d'intervalles moléculaires, est encore une distance extrêmement petite et même insensible. Au delà, on peut se contenter de l'expression de L pour cal-

culer $S \frac{1}{r}$, à moins qu'on ne veuille un plus grand nombre de décimales.

A la suite du tableau des valeurs de M pour $S \frac{1}{r}$, j'en donne d'autres
contenant les valeurs de M pour $S \frac{1}{r^2}$ et $S \frac{1}{r^3}$, afin de montrer la marche que suit M quand n augmente. Les données de la question, c'est-à-
dire p et ξ, ont la même signification dans les trois tableaux. Quant aux
formules qui donnent M dans le second et dans le troisième tableau,
elles se déduisent de l'équation (74 *bis*), en y faisant successivement
$n = 3$ et $n = 4$, et en y substituant les données du numéro précédent;
elles sont

Pour $S \frac{1}{r^2}$,

$$M = -\frac{1}{ph^2} \text{arc tang} \frac{3ph^2}{p^2h^2 - h^2(1+\xi)(2-\xi)} + \frac{1}{2h^2[(2-\xi)^2+p^2]} + \frac{1}{h^2[(1-\xi)^2+p^2]}$$
$$+ \frac{1}{h^2(\xi^2+p^2)} + \frac{1}{2h^2[(1+\xi)^2+p^2]} + \frac{1}{6h^3}\left\{\frac{2-\xi}{[(2-\xi)^2+p^2]^{\frac{3}{2}}} + \frac{1+\xi}{[(1+\xi)^2+p^2]^{\frac{3}{2}}}\right\}$$
$$- \frac{1}{30h^4}\left\{\frac{(2-\xi)^3 - p^2(2-\xi)}{[(2-\xi)^2+p^2]^4} + \frac{(1+\xi)^3 - p^2(1+\xi)}{[(1+\xi)^2+p^2]^4}\right\}$$
$$+ \frac{1}{126h^2}\left\{\frac{3(2-\xi)^5 - 10p^2(2-\xi)^3 + 3p^4(2-\xi)}{[(2-\xi)^2+p^2]^6}\right.$$
$$\left. + \frac{3(1+\xi)^5 - 10p^2(1+\xi)^3 + 3p^4(1+\xi)}{[(1+\xi)^2+p^2]^6}\right\} - \dots;$$

Pour $S \frac{1}{r^3}$,

$$M = -\frac{1}{p^2h^3}\left\{\frac{3-\xi}{[(3-\xi)^2+p^2]^{\frac{1}{2}}} + \frac{2+\xi}{[(2+\xi)^2+p^2]^{\frac{1}{2}}}\right\}$$
$$+ \frac{1}{2h^3[(3-\xi)^2+p^2]^{\frac{3}{2}}} + \frac{1}{h^3[(2-\xi)^2+p^2]^{\frac{3}{2}}} + \frac{1}{h^3[(1-\xi)^2+p^2]^{\frac{3}{2}}}$$
$$+ \frac{1}{h^3(\xi^2+p^2)^{\frac{3}{2}}} + \frac{1}{h^3[(1+\xi)^2+p^2]^{\frac{3}{2}}} + \frac{1}{2h^3[(2+\xi)^2+p^2]^{\frac{3}{2}}}$$
$$+ \frac{1}{4h^3}\left\{\frac{3-\xi}{[(3-\xi)^2+p^2]^{\frac{3}{2}}} + \frac{2+\xi}{[(2+\xi)^2+p^2]^{\frac{3}{2}}}\right\}$$

$$+ \frac{1}{48 h^3} \left\{ \frac{3 p^2(3 - \xi) - 4(3 - \xi)^3}{[(3 - \xi)^2 + p^2]^{\frac{9}{2}}} + \frac{3 p^2(2 + \xi) - 4(2 + \xi)^3}{[(2 + \xi)^2 + p^2]^{\frac{9}{2}}} \right\}$$

$$+ \frac{1}{96 h^5} \left\{ \frac{5 p^4(3 - \xi) - 20 p^2(3 - \xi)^3 + 8(3 - \xi)^5}{[(3 - \xi)^2 + p^2]^{\frac{13}{2}}} \right.$$

$$\left. + \frac{5 p^4(2 + \xi) - 20 p^2(2 + \xi)^3 + 8(2 + \xi)^5}{[(2 + \xi)^2 + p^2]^{\frac{13}{2}}} \right\} + \dots$$

Ceci posé, voici les tableaux des valeurs calculées :

Tableau de la décroissance des valeurs de M pour $S \frac{1}{r}$.

Valeurs de p.	VALEURS DE M POUR					
	$\xi = 0,0$.	$\xi = 0,1$.	$\xi = 0,2$.	$\xi = 0,3$.	$\xi = 0,4$.	$\xi = 0,5$.
0,1	+5,15258	+2,24705	−0,27945	−1,45860	−1,99080	−2,14607
0,2	+1,50336	+0,99603	+0,12770	−0,51483	−0,86932	−0,98061
0,5	+0,12153	+0,09648	+0,03349	−0,03933	−0,09431	−0,11448
1,0	+0,00372	+0,00294	+0,00033	−0,00115	−0,00298	−0,00368
10,0	0,00000	0,00000	0,00000	0,00000	0,00000	0,00000

Rappelons-nous que, pour h différent de l'unité, M est en réalité égal au produit de l'un des nombres inscrits sur le tableau multiplié par $\frac{1}{h}$.

Tableau de la décroissance des valeurs de M pour $S \frac{1}{r^2}$.

Valeurs de p.	VALEURS DE M POUR					
	$\xi = 0,0$.	$\xi = 0,1$.	$\xi = 0,2$.	$\xi = 0,3$.	$\xi = 0,4$.	$\xi = 0,5$.
0,1	+103,279	+53,338	+23,539	+13,924	+10,465	+9,558
0,2	+28,255	+23,269	+15,951	+11,486	+9,364	+8,748
0,5	+6,850	+6,730	+6,431	+6,097	+5,852	+5,763
1,0	+3,154	+3,151	+3,145	+3,138	+3,132	+3,130
5,0	0,000	0,000	0,000	0,000	0,000	0,000

Les quantités numériques de ce tableau devront être multipliées par $\frac{1}{h^3}$ pour donner la valeur réelle de M, quand h diffère de l'unité. Elles sont toutes positives et décroissent moins rapidement que dans le tableau suivant, ce qui semble indiquer une différence profonde entre ce qui se passe pour les exposants pairs et ce qui se passe pour les exposants impairs.

Tableau de la décroissance des valeurs de M *pour* $S\frac{1}{r^3}$.

Valeurs de p.	VALEURS DE M POUR					
	$\xi = 0,0$.	$\xi = 0,1$.	$\xi = 0,2$.	$\xi = 0,3$.	$\xi = 0,4$.	$\xi = 0,5$.
0,1	+802,3735	+156,2778	−107,6552	−164,6530	−180,4481	−184,0897
0,5	+ 1,7992	+ 1,4078	+ 0,3690	− 0,6654	− 1,3471	− 1,6104
1,0	+ 0,0248	+ 0,0201	+ 0,0076	− 0,0077	− 0,0201	− 0,0248
5,0	+ 0,0000	− 0,0001	− 0,0001	− 0,0001	− 0,0001	− 0,0001
10,0	. 0,0000	0,0000	0,0000	0,0000	0,0000	0,0000

Quand h diffère de l'unité, ces quantités devront être multipliées par $\frac{1}{h^3}$ pour donner la véritable valeur de M relative à $S\frac{1}{r^3}$. Les formules relatives à $S\frac{1}{r^2}$ étaient peu convergentes, et celles relatives à $S\frac{1}{r^3}$ l'eussent été moins encore si je m'étais toujours contenté de séparer deux points; j'en ai mis quatre à part, ce qui m'a permis de calculer quatre décimales avec une approximation suffisante.

37. Les tableaux ci-dessus montrent que les différences entre les valeurs réelles de $S\frac{1}{r^{n-1}}$ et les valeurs qu'en donne la formule d'Euler, appliquée à la manière ordinaire, croissent généralement avec n quand h est égal à l'unité; elles décroissent quand h croit tandis que n reste le même; elles croissent au contraire à mesure que h décroit. Elles sont énormes quand h devient comparable aux distances moléculaires,

c'est-à-dire à peu près le millionième du mètre ou moins. Ainsi, on trouvera les valeurs absolues suivantes de M, si $h = 10$ et $p = 1$:

Pour $n = 2$, $\xi = 0$, $M = 0,000\,372$; $\xi = 0,5$, $M = -0,000\,368$;

$n = 3$, » $0,031\,54$; » $+0,031\,30$;

$n = 4$, » $0,000\,024\,8$; » $-0,000\,024\,8$;

Si, au contraire, nous supposons $h = 0,000\,001$ et $p = h$ (1,0 du tableau), nous avons :

Pour $n = 2$, $\xi h = 0$, $M = 3\,720$; $\xi h = 0,000\,005$, $M = - 3\,680$;

$n = 3$, » $3\,154\,000\,000\,000$; » $3\,130\,000\,000\,000$;

$n = 4$, » $24\,800\,000\,000\,000\,000$; » $-24\,800\,000\,000\,000\,000$.

De pareils résultats ne permettent pas de croire insignifiantes les corrections de la formule d'Euler quand on l'applique aux attractions qui ont lieu aux distances moléculaires, et, par conséquent, de soutenir la possibilité de l'assimilation des formules de la matière continue à celles de la matière discontinue; elles n'ont en réalité aucun rapport.

Les considérations suivantes rendent aisément compte de la marche que suivent les valeurs de M.

Qu'on applique la formule d'Euler successivement à deux, à quatre, à six, etc., points, sans se préoccuper d'aucune correction, on aura successivement les valeurs de L pour deux, quatre, six, etc., points. Que l'on calcule M entre ces mêmes limites, et qu'on ajoute respectivement les valeurs de L et de M répondant aux mêmes nombres de points, on devra évidemment obtenir successivement les valeurs exactes de $S\frac{1}{r^{n-1}}$ pour deux, quatre, six, etc., points, du moins entre les limites de convergence des séries, ou entièrement, si ces séries étaient convergentes. Or, il est facile de voir que, les limites de L et de M étant ici les mêmes, tous les termes des deux développements sont, à l'exception des termes $\frac{1}{2\,r^{n-1}}$ et $\frac{1}{r^{n-1}}$, égaux et de signes contraires; ils se détruisent donc, tandis que les derniers s'ajoutent; en conséquence L + M se réduit à la somme réelle qu'on a cherché à évaluer au moyen des deux séries. Mais nous avons démontré que, près du pied de la perpendiculaire, L n'était pas en général convergent ou n'avait qu'une demi-

14

convergence; donc l'autre ne l'est pas. D'ailleurs si M était convergent,
on arriverait à ce résultat paradoxal et nécessaire que la cause de l'erreur gît seulement dans les deux premiers points et non dans les autres;
que cette erreur est la même pour quatre, pour six, etc., points que
pour deux ; et que la même série M donne la même valeur pour une
suite indéfinie de valeurs de la variable. L'analyse échappe à cette
conséquence inadmissible par le défaut de convergence de la formule,
très-sensible pour les premiers points, et de plus en plus faible à mesure
qu'on augmente le nombre de points pris à part. En somme, un petit
nombre de points intervient d'une manière très-sensible dans la différence M entre L et la réalité; mais plus on prend de ces points, plus la
demi-convergence de la série s'étend, et plus on a une valeur exacte
de M. Il faut toutefois, pour opérer ainsi, une file de points assez
considérable; quand il n'y en a pas assez, le calcul direct peut seul
donner des résultats exacts.

§ VI. — *Expressions générales de la force élastique et de l'attraction sur un point intérieur.*

38. Préoccupé avant tout de montrer le défaut de la formule d'Euler,
j'ai suspendu le développement des calculs à faire pour obtenir la force
élastique, et je n'ai même abordé qu'une des méthodes indiquées dans
le n° 30; il est temps de reprendre ces méthodes et de chercher les
expressions générales des composantes totales des forces élastiques
provenant d'attractions.

Recourons à la première méthode et représentons, en général, par

$$f_n \omega^3 \mu^2 \frac{u - u'}{r^{n+1}}$$

l'une des composantes, parallèle à un axe u, de l'attraction exercée
par un point m sur un point m', ces deux points appartenant chacun à
une portion différente du corps, et les deux portions étant séparées par
le plan des x, y. Les coordonnées peuvent être obliques ou rectangulaires; A sera, comme au n° 29, la portion supérieure à laquelle nous

supposerons qu'appartiennent toutes les molécules situées dans le plan des xy, et B, la portion inférieure. Nous sommerons d'abord toutes les actions de même nature contenues sur une même droite parallèle à l'axe des z, en mettant à part les deux derniers points; à cet effet, désignons par r_0, r_1, r_2, r_3, les valeurs de r correspondant respectivement à $z = 0$, $z = l$, $z = 2l$, $z = Cl$, cette dernière valeur étant la limite supérieure du corps; par $u_0 - u'$, $u_1 - u'$, $u_2 - u'$, $u_3 - u'$, les valeurs de $u - u'$ dans les mêmes cas. En appliquant la série d'Euler depuis $z = 2l$ jusqu'à $z = Cl$, et en y ajoutant les composantes relatives à $z = 0$, $z = l$, nous trouverons pour cette première sommation

$$(76) \quad
\begin{aligned}
& \mathbf{S} f_n \omega^2 \mu^2 \frac{u - u'}{r^{n+1}} \\
&= f_n \omega^2 \mu^2 \left\{ \frac{u_0 - u'}{r_0^{n+1}} + \frac{u_1 - u'}{r_1^{n+1}} + \frac{1}{l} \int_{2l}^{Cl} \frac{u - u'}{r^{n+1}} \, d\gamma l + \frac{1}{2} \frac{u_2 - u'}{r_2^{n+1}} + \frac{1}{2} \frac{u_3 - u'}{r_3^{n+1}} \right. \\
&\quad + \frac{l}{12} \left[\frac{d}{d\gamma l} \left(\frac{u_3 - u'}{r_3^{n+1}} \right) - \frac{d}{d\gamma l} \left(\frac{u_2 - u'}{r_2^{n+1}} \right) \right] \\
&\quad - \frac{l^3}{720} \left[\frac{d^3}{d\gamma l^3} \left(\frac{u_3 - u'}{r_3^{n+1}} \right) - \frac{d^3}{d\gamma l^3} \left(\frac{u_2 - u'}{r_2^{n+1}} \right) \right] \\
&\quad + \frac{l^5}{30240} \left[\frac{d^5}{d\gamma l^5} \left(\frac{u_3 - u'}{r_3^{n+1}} \right) - \frac{d^5}{d\gamma l^5} \left(\frac{u_2 - u'}{r_2^{n+1}} \right) \right] \\
&\quad \left. + \dots\dots\dots\dots\dots\dots\dots\dots\dots\dots \right\}.
\end{aligned}$$

Convenons que $\int_0^{2l} \frac{u - u'}{r^{n+1}} \, d\gamma l$, $\int_0^{Cl} \frac{u - u'}{r^{n+1}} \, d\gamma l$ représentent ce que devient l'intégrale $\int \frac{u - u'}{r^{n+1}} \, d\gamma l$ quand on en a supprimé la constante indéterminée et qu'on y a remplacé la variable γl respectivement par $2l$ et Cl, convention qu'il ne faut pas oublier, parce qu'elle diffère des conventions ordinaires; posons aussi, pour abréger,

$$(77) \quad
\begin{aligned}
\mathbf{L} &= \frac{1}{l} \int_0^{Cl} \frac{u - u'}{r^{n+1}} \, d\gamma l + \frac{1}{2} \frac{u_3 - u'}{r_3^{n+1}} \\
&\quad + \frac{l}{12} \frac{d}{d\gamma l} \left(\frac{u_3 - u'}{r_3^{n+1}} \right) - \frac{l^3}{720} \frac{d^3}{d\gamma l^3} \left(\frac{u_3 - u'}{r_3^{n+1}} \right) + \dots,
\end{aligned}$$

14.

$$(78) \left\{ \begin{array}{l} M = -\dfrac{1}{l}\displaystyle\int_0^{2l} \dfrac{u-u'}{r^{n+1}}\,d\gamma\,l + \dfrac{u_0-u'}{r_0^{n+1}} + \dfrac{u_1-u'}{r_1^{n+1}} + \dfrac{1}{2}\dfrac{u_2-u'}{r_2^{n+1}} \\[3mm] \quad -\dfrac{l}{12}\dfrac{d}{d\gamma l}\left(\dfrac{u_2-u'}{r_2^{n+1}}\right) + \dfrac{l^3}{720}\dfrac{d^3}{d\gamma l^3}\left(\dfrac{u_2-u'}{r_2^{n+1}}\right) \\[3mm] \quad -\dfrac{l^5}{30\,240}\dfrac{d^5}{d\gamma l^5}\left(\dfrac{u_2-u'}{r_2^{n+1}}\right) + \dfrac{l^7}{1\,209\,600}\dfrac{d^7}{d\gamma l^7}\left(\dfrac{u_2-u'}{r_2^{n+1}}\right) \\[3mm] \quad -\dfrac{l^9}{47\,900\,160}\dfrac{d^9}{d\gamma l^9}\left(\dfrac{u_2-u'}{r_2^{n+1}}\right) + \ldots, \end{array}\right.$$

nous aurons

$$(79) \qquad S f_u \omega^3 \mu^2 \frac{u-u'}{r^{n+1}} = f_u \omega^3 \mu^2 (L + M).$$

Nous aurions pu tout aussi bien conserver aux intégrales de (77) et (78) leurs significations ordinaires, et l'équation (79) fût restée la même; de plus, L eût été réellement l'expression de la série déduite de la formule d'Euler sans correction; mais L eût alors contenu des termes $\frac{u_0-u'}{r^{n+1}}$ et leurs dérivées qu'il eût fallu reprendre à M, et qui n'auraient pas été négligeables dans les mêmes conditions que les autres; de là, nécessité de considérer toujours les deux séries au même titre, et des complications assez grandes dans les calculs subséquents, complications que nous évitons par les conventions adoptées. Au reste, elles ne sont nécessaires que pour les γ.

Une sommation de l'expression (79) par rapport à β nous donnera la somme de toutes les composantes dues aux points matériels compris dans un plan α de la portion A du corps. Mais, parmi ces valeurs de β, doit se trouver la valeur particulière β' de l'ordonnée du point m'. Nous mettrons à part, de chaque côté de cette ligne, une ligne β, savoir $\beta'-1$ et $\beta'+1$; désignons en outre par B et B' les deux valeurs de β, limites du plan α dans la portion A du corps, par L_0, L_1, L_2, L_3, L_4, L_5, L_6, M_0, M_1, M_2,... les valeurs particulières de L et de M correspondant respectivement à $\beta=B$, $\beta=\beta'-2$, $\beta=\beta'-1$, $\beta=\beta'$, $\beta=\beta'+1$, $\beta=\beta'+2$, $\beta=B'$, et appliquons, dans ces conditions, la formule (73) à la formule (79). Observons en outre que la somme des deux intégrales

$$\frac{1}{k}\int_B^{\beta'-2} (L+M)\,d\beta\,k + \frac{1}{k}\int_{\beta'+2}^{B'} (L+M)\,d\beta\,k$$

peut être remplacée par la différence de deux autres intégrales, savoir :

$$\frac{1}{k}\int_{B}^{B'}(L+M)d\beta k - \frac{1}{k}\int_{\beta'-2}^{\beta'+2}(L+M)d\beta k;$$

et posons, pour abréger,

(80)
$$\begin{cases}
N = \frac{1}{k}\int_{B}^{B'}(L+M)d\beta k + \frac{1}{2}(L_6 + M_6 + L_9 + M_6) \\
\quad + \frac{k}{12}\left[\frac{d(L_6+M_6)}{d\beta k} - \frac{d(L_6+M_6)}{d\beta k}\right] \\
\quad - \frac{k^3}{720}\left[\frac{d^3(L_6+M_6)}{d\beta k^3} - \frac{d^3(L_6+M_6)}{d\beta k^3}\right] \\
\quad + \frac{k^5}{30240}\left[\frac{d^5(L_6+M_6)}{d\beta k^5} - \frac{d^5(L_9+M_9)}{d\beta k^5}\right] \\
\quad - \frac{k^7}{1\,209\,600}\left[\frac{d^7(L_6+M_6)}{d\beta k^7} - \frac{d^7(L_9+M_9)}{d\beta k^7}\right] + \ldots;
\end{cases}$$

(81)
$$\begin{cases}
P = -\frac{1}{k}\int_{\beta'-2}^{\beta'+2}(L+M)d\beta k + \frac{1}{2}(L_1+M_1) \\
\quad + L_2 + M_2 + L_3 + M_3 + L_4 + M_4 + \frac{1}{2}(L_5 + M_5) \\
\quad - \frac{k}{12}\left[\frac{d(L_5+M_5)}{d\beta k} - \frac{d(L_1+M_1)}{d\beta k}\right] \\
\quad + \frac{k^3}{720}\left[\frac{d^3(L_5+M_5)}{d\beta k^3} - \frac{d^3(L_1+M_1)}{d\beta k^3}\right] \\
\quad - \frac{k^5}{30240}\left[\frac{d^5(L_5+M_5)}{d\beta k^5} - \frac{d^5(L_1+M_1)}{d\beta k^5}\right] \\
\quad + \frac{k^7}{1\,209\,600}\left[\frac{d^7(L_5+M_5)}{d\beta k^7} - \frac{d^7(L_1+M_1)}{d\beta k^7}\right] \\
\quad - \frac{k^9}{47\,900\,160}\left[\frac{d^9(L_5+M_5)}{d\beta k^9} - \frac{d^9(L_1+M_1)}{d\beta k^9}\right] + \ldots;
\end{cases}$$

nous aurons

(82)
$$SS\, f_n \omega^2 \mu^2 \frac{u-u'}{\mu^{n+1}} = f_u \omega^2 \mu^2 (N+P).$$

La formule (82) nous donne la somme de toutes les composantes d'attraction provenant des points matériels compris dans un des plans α qui existent dans la portion A du corps; en en faisant la sommation par rapport à α, nous aurons la somme de toutes les composantes provenant de l'action de la portion A sur le point m'. Soit α' la valeur particulière de α correspondant au point m'; dans les conditions que nous avons admises ci-dessus, α' appartient également à des molécules de A, puisque le réseau de parallélipipèdes est le même des deux côtés du plan xy. Séparons donc, comme précédemment et pour le même motif, les plans correspondant aux valeurs $\alpha' - 1$, α', $\alpha' + 1$ de α; puis, opérant sur (82) par rapport à α comme nous avons opéré sur (79) par rapport à β, posons

$$(83)\quad\left\{\begin{aligned}
Q =\ & \frac{1}{h}\int_A^{A'}(N+P)\,d\alpha h + \frac{1}{2}(N_6 + P_6 + N_6 + P_6)\\
& + \frac{h}{12}\left[\frac{d(N_6+P_6)}{d\alpha h} - \frac{d(N_0+P_0)}{d\alpha h}\right]\\
& - \frac{h^3}{720}\left[\frac{d^3(N_6+P_6)}{d\overline{\alpha h}^3} - \frac{d^3(N_0+P_0)}{d\overline{\alpha h}^3}\right]\\
& + \frac{h^5}{30240}\left[\frac{d^5(N_6+P_6)}{d\overline{\alpha h}^5} - \frac{d^5(N_0+P_0)}{d\overline{\alpha h}^5}\right]\\
& - \frac{h^7}{1\,209\,600}\left[\frac{d^7(N_6+P_6)}{d\overline{\alpha h}^7} - \frac{d^7(N_0+P_0)}{d\overline{\alpha h}^7}\right] + \dots ;
\end{aligned}\right.$$

$$(84)\quad\left\{\begin{aligned}
R =\ & -\frac{1}{h}\int_{\alpha'-2}^{\alpha'+2}(N+P)\,d\alpha h + \frac{1}{2}(N_1+P_1)\\
& + N_1 + P_1 + N_3 + P_3 + N_4 + P_4 + \frac{1}{2}(N_5+P_5)\\
& - \frac{h}{12}\left[\frac{d(N_5+P_5)}{d\alpha h} - \frac{d(N_1+P_1)}{d\alpha h}\right]\\
& + \frac{h^3}{720}\left[\frac{d^3(N_5+P_5)}{d\overline{\alpha h}^3} - \frac{d^3(N_1+P_1)}{d\overline{\alpha h}^3}\right]\\
& - \frac{h^5}{30240}\left[\frac{d^5(N_5+P_5)}{d\overline{\alpha h}^5} - \frac{d^5(N_1+P_1)}{d\overline{\alpha h}^5}\right]\\
& + \frac{h^7}{1\,209\,600}\left[\frac{d^7(N_5+P_5)}{d\overline{\alpha h}^7} - \frac{d^7(N_1+P_1)}{d\overline{\alpha h}^7}\right]\\
& - \frac{h^9}{47\,900\,160}\left[\frac{d^9(N_5+P_5)}{d\overline{\alpha h}^9} - \frac{d^9(N_1+P_1)}{d\overline{\alpha h}^9}\right] + \dots ;
\end{aligned}\right.$$

nous obtiendrons

$$(85) \qquad SSS f_n \omega^2 \mu^2 \frac{u - u'}{r^{n+1}} = f_n \omega^2 \mu^2 (Q + R).$$

Nous avons, au moyen de cette formule, la composante de l'attraction totale exercée par la portion A du corps sur une molécule quelconque m' de la portion B du même corps. Il s'agit actuellement d'avoir la composante de l'action totale de A sur B ; pour ce fait, il faut sommer $f_n \omega^2 \mu^2 (Q + R)$ par rapport aux trois dimensions de B : et nous devrons y arriver en suivant pour B l'ordre que nous avons suivi pour A. Commençons, en conséquence, par sommer la quantité (85) par rapport à γ' en séparant les deux points les plus voisins du plan des xy ; désignons par $Q_{-1}, Q_{-2}, Q_{-3}, Q_{-4}, R_{-1}, R_{-2}, R_{-3}, R_{-4}$ les valeurs correspondant à $\gamma' = -1, -2, -3, -C'$; nous trouverons, en faisant pour les intégrales les mêmes réserves et les mêmes conventions que celles déjà faites pour les formules (81) et (81 bis) :

$$(86) \quad \left\{ \begin{aligned} \Lambda &= \frac{1}{l} \int_0^{-C'} (Q + R) \, d\gamma' l + \frac{1}{2} (Q_{-4} + R_{-4}) \\ &+ \frac{l}{12} \frac{d(Q_{-4} + R_{-4})}{d\gamma' l} - \frac{l^3}{720} \frac{d^3(Q_{-4} + R_{-4})}{d\overline{\gamma' l}^3} \\ &+ \frac{l^5}{30240} \frac{d^5(Q_{-4} + R_{-4})}{d\overline{\gamma' l}^5} - \frac{l^7}{1209600} \frac{d^7(Q_{-4} + R_{-4})}{d\overline{\gamma' l}^7} + \cdots ; \end{aligned} \right.$$

$$(87) \quad \left\{ \begin{aligned} \Theta &= -\frac{1}{l} \int_0^{-3l} (Q + R) \, d\gamma' l \\ &+ Q_{-1} + R_{-1} + Q_{-2} + R_{-2} + \frac{1}{2}(Q_{-3} + R_{-3}) - \frac{l}{12} \frac{d(Q_{-3} + R_{-3})}{d\gamma' l} \\ &+ \frac{l^3}{720} \frac{d^3(Q_{-3} + R_{-3})}{d\overline{\gamma' l}^3} - \frac{l^5}{30240} \frac{d^5(Q_{-3} + R_{-3})}{d\overline{\gamma' l}^5} \\ &+ \frac{l^7}{1209600} \frac{d^7(Q_{-3} + R_{-3})}{d\overline{\gamma' l}^7} - \frac{l^9}{47900160} \frac{d^9(Q_{-3} + R_{-3})}{d\overline{\gamma' l}^9} + \cdots ; \end{aligned} \right.$$

$$(88) \qquad SSSS f_n \omega^2 \mu^2 \frac{u - u'}{r^{n+1}} = f_n \omega^2 \mu^2 (\Lambda + \Theta).$$

Maintenant, l'expression (88) représentant l'action de la portion A sur la file de points γ', il faut la sommer dans toute l'étendue de la portion B, c'est-à-dire par rapport à α' et à β', pour avoir l'expression totale de la composante de l'attraction exercée par A sur B. Mais il est facile de voir, en se reportant à ce qui précède, que α' et β' ont disparu déjà de l'expression (85), et que, par suite, l'expression (88) ne contient pas les quantités par rapport auxquelles on doit la sommer. Dès lors, pour obtenir cette somme, il suffit de multiplier le second membre de l'équation (88) par le nombre de fois que la ligne γ' est contenue dans la portion B du corps. Or, ce nombre étant excessivement grand, égale sensiblement le nombre de fois que le parallélogramme de côtés h, k est contenu dans la surface de contact; car il en diffère seulement par le nombre de points situés sur la moitié du contour de cette surface, lequel, tout grand qu'il est, est encore très-petit relativement au premier. Bien entendu que le parallélogramme dont il s'agit est la face, située dans le plan des xy, du parallélipipède élémentaire dont les côtés sont parallèles aux axes. En représentant par $\widehat{xy}$ l'angle des axes des x et des y, nous aurons $hk\sin\widehat{xy}$ pour mesure de l'aire du parallélogramme; et si nous désignons par a l'aire de la surface de séparation des portions A et B, le nombre des lignes γ' sera égal au quotient

$$\frac{a}{hk\sin\widehat{xy}};$$

on obtiendra donc l'action totale en multipliant l'expression (88) par ce facteur. Ainsi l'attraction totale de A sur B, ou plutôt sa composante parallèle à l'axe u, sera donnée par la formule

$$(89)\qquad SSSSSS f_n\omega^2\mu^2\frac{u+u'}{r^{n+1}}=f_n\omega^2\mu^2(\Lambda+\Theta)\frac{a}{hk\sin\widehat{xy}}.$$

L'attraction totale de B sur A est égale à celle-ci et doit lui être ajoutée, puisqu'elle tend, comme l'autre, à rapprocher les deux parties. Si l'on remonte à la définition que nous avons donnée de l'élasticité (n°29), et si l'on désigne par E_n l'élasticité par unité de surface due à l'attraction en raison inverse de la $n^{ième}$ puissance de la distance, par $E_{n,u}$ la composante de cette élasticité parallèlement à l'axe des u, on obtiendra $E_{n,u}$ en divisant par a le double du second membre de (89); ce qui donne

$$(90) \qquad E_{n,u} = 2 f_n \omega^3 \mu^2 \frac{(\Lambda + \Theta)}{hk \sin \widehat{xy}}.$$

Telle est, dans l'intérieur d'un corps, l'expression de la composante de la force élastique due à une attraction en raison inverse de la $n^{ième}$ puissance de la distance. Elle donne lieu à de nombreuses remarques, dont nous exposerons pour le moment une seule: c'est que le produit μ^2 est de l'ordre h^6, le produit $hk \sin \widehat{xy}$ de l'ordre h^2; donc, pour que $E_{n,u}$ soit une quantité sensible, et il en est nécessairement ainsi au moins d'une des composantes, il faut que le produit

$$f_n(\Lambda + \Theta)$$

soit de l'ordre $\frac{1}{h^4}$, car $2\omega^2$ est une quantité finie de l'ordre h^0. Cette conclusion nécessaire entraîne, quant à la grandeur de n, des conséquences que nous examinerons plus loin.

39. Laissons momentanément de côté la seconde méthode indiquée pour évaluer $E_{n,u}$, parce qu'elle ne conduirait pas à des résultats théoriques différents de ceux que nous avons obtenus, et cherchons les composantes de l'attraction totale en raison inverse de la $n^{ième}$ puissance de la distance exercée par le corps sur un point m'. Afin de les rattacher aux sommations déjà obtenues, nous conserverons le système de coordonnées adopté depuis le commencement du paragraphe, et nous représenterons le point attiré m' par les coordonnées particulières $\alpha' = 0$, $\beta' = 0$, $\gamma' = -1$. Cela posé, nous répartirons les molécules du corps en trois groupes, savoir : celles de la portion A du corps, ayant les mêmes limites que précédemment, et comprenant toutes les molécules du plan des xy ou $\gamma = 0$, celles du plan $\gamma = -1$, et enfin celles du reste B' du corps comprenant les molécules situées sur le plan $\gamma = -2$, et toutes les molécules au-dessous. Le groupe des molécules situées sur le même plan $\gamma = -1$ que le point attiré m' peut à son tour être décomposé en quatre autres, savoir : les deux portions de la droite β caractérisée par les équations $\alpha = 0$, $\gamma = -1$, qui sont, l'une au delà, l'autre en deçà

15

du point m', et les deux portions du plan qui sont en dehors de cette même droite.

La composante de l'attraction de A sera donnée par les formules (83), (84) et (85), dans lesquelles on fera $\gamma' = -1$. Celle de l'attraction de B' sera donnée par les mêmes formules après la permutation de γ et γ'; elle sera la même, à des différences près, d'un ordre inférieur. Ces deux attractions de A et de B' sur m' se détruisent, ainsi que nous l'avons établi au n° 30, et les différences seules interviennent. Il en sera de même pour les deux portions du plan $\gamma = -1$, et pour les deux portions de la droite β, déterminée par l'équation $\alpha = 0$, $\gamma = -1$; les premières valeurs se déduiraient des formules (80), (81) et (82), après y avoir préalablement permuté β et γ, puis en y faisant ensuite $\gamma - \gamma' = 0$, $\alpha - \alpha' = 0$, $\beta' = -1$.

Lorsqu'on descend de là aux différences qui doivent seules intervenir dans les équations de l'équilibre et du mouvement, on voit qu'on ne peut pas les obtenir par la simple variation de la somme par rapport à un plan quelconque. Chacune de ces différences a une valeur déterminée complétement indépendante des plans coordonnés choisis. On s'en rend compte en envisageant une file sensiblement rectiligne de molécules. Dans la première approximation, où nous supposons rigoureusement la file rectiligne et l'intervalle de deux molécules consécutives constant, le point attiré m est à égale distance d'un point situé de chaque côté sur la file, et les attractions exercées par ces points sur m se détruisent, attendu qu'elles sont égales et opposées; mais en réalité, chaque molécule est à des distances d'ordre h^2 de la position qui lui est assignée, et l'une des attractions est supposée trop faible, tandis que l'autre est supposée trop forte. Ces deux différences s'ajoutent, et ce sont toutes les différences semblables, entièrement indépendantes du choix des axes et des plans coordonnés, qu'il faut sommer pour obtenir les véritables équations de l'équilibre et du mouvement. Ces sommes ne peuvent pas, ainsi que nous venons de le dire, résulter d'une variation par rapport à un plan de la somme des attractions exercées par une portion du corps. Nous reviendrons sur ce sujet.

40. Nous venons de donner les développements en série, parce que seuls, malgré leur prolixité, ils se prêtent à un calcul régulier; nous

allons donner maintenant le peu que nous avons pu trouver sur la sommation directe. Commençons, à cet effet, par évaluer l'attraction totale exercée par la partie A du corps sur le point M, ce point et cette partie étant les mêmes qu'au n° 29, à cela près que M n'est plus compris dans la partie A, puisqu'il n'y a pas lieu d'envisager l'action d'un point sur lui-même. Nous admettons un système de coordonnées quelconques orthogonales où les coordonnées d'un point sont représentées par les formules (8), et nous commencerons par considérer le parallélipipède élémentaire fondamental du n° 15. En recourant aux expressions de ce n° 15, nous trouverons que la distance r de M, à un point m' quelconque de A, est donnée par la formule

$$(91) \begin{cases} r^2 = (\alpha'-\alpha)^2 h^2 \sum \dfrac{df^2}{d\alpha h} + (\beta'-\beta)^2 k^2 \sum \dfrac{df^2}{d\beta k} + (\gamma'-\gamma) l^2 \sum \dfrac{df^2}{d\gamma l} \\[2mm] + 2(\alpha'-\alpha)(\beta'-\beta)hk \sum \dfrac{df}{d\alpha h}\dfrac{df}{d\beta k} \\[2mm] + 2(\beta'-\beta)(\gamma'-\gamma)kl \sum \dfrac{df}{d\beta k}\dfrac{df}{d\gamma l} \\[2mm] + 2(\gamma'-\gamma)(\alpha'-\alpha)lh \sum \dfrac{df}{d\gamma l}\dfrac{df}{d\alpha h} \end{cases}$$

Admettons que le plan MM'M″ qui limite A soit le plan γ; cela revient à supposer, dans la formule précédente, γ' toujours $> \gamma$, $\gamma'-\gamma = 0$ ou > 0; mais α et β y peuvent recevoir toutes les valeurs entières pour chaque valeur de α' et de β', en sorte que $\alpha'-\alpha$ et $\beta'-\beta$ peuvent varier de -2∞ à $+2\infty$ en passant par zéro. Il s'agit maintenant de trouver la somme de toutes les valeurs des composantes

$$\omega^2 \mu^2 f_n \frac{u-u'}{r^{n+1}},$$

où u représente à volonté x, y ou z. A cet effet, observons que les équations de la droite Mm', savoir :

$$(92) \qquad \frac{x-\alpha h}{(\alpha'-\alpha)h} = \frac{y-\beta k}{(\beta'-\beta)k} = \frac{z-\gamma l}{(\gamma'-\gamma)l},$$

h, k, l étant les côtés du parallélipipède élémentaire fondamental ac-

15.

tuel donné par les formules (37), et x, y, z, les coordonnées courantes,
restent les mêmes, c'est-à-dire appartiennent à la même droite, si on y
débarrasse les dénominateurs du facteur commun f que $\alpha' - \alpha$, $\beta' - \beta$,
$\gamma' - \gamma$ peuvent avoir. Ainsi, admettons un instant qu'on ait

(93)
$$\alpha' - \alpha = f\theta, \quad \beta' - \beta = f\theta', \quad \gamma' - \gamma = f\theta'',$$

les équations

(94)
$$\frac{x - \alpha h}{\theta h} = \frac{y - \beta k}{\theta' k} = \frac{z - \gamma l}{\theta'' l}$$

appartiendront évidemment à la même droite. Cela revient visiblement
à prendre pour second point de la droite, au lieu du point m', celui
dont les coordonnées sont $(\alpha + \theta) h$, $(\beta + \theta') k$, $(\gamma + \theta'') l$. Ce point
matériel est le plus rapproché de M qui existe sur la droite Mm', et, en
appelant r_i sa distance au point M, on obtiendra tous les points matériels situés sur Mm' en portant successivement une fois, deux fois,
trois fois, etc., r_i sur Mm' à partir de M. Les coordonnées de ces
points suivront les mêmes progressions arithmétiques que leurs distances absolues; d'ailleurs r_i sera donné par la formule

(95)
$$\begin{cases} r_i^2 = \theta^2 k^2 \sum \frac{df^2}{d\,\alpha h^2} + \theta'^2 h^2 \sum \frac{df^2}{d\,\beta k^2} + \theta''^2 l^2 \sum \frac{df^2}{d\gamma l^2} \\[2mm] 2\,\theta\theta' hk \sum \frac{df}{d\alpha h}\frac{df}{d\beta k} + 2\theta'\theta'' kl \sum \frac{df}{d\beta k}\frac{df}{d\gamma l} + 2\theta''\theta lh \sum \frac{df}{d\gamma l}\frac{df}{d\alpha h}. \end{cases}$$

Cela posé, les composantes des attractions des points successifs matériels situés sur une même droite Mm' seront, en désignant par u_i la
quantité $(\alpha + \theta) h$, $(\beta + \theta') k$ ou $(\gamma + \theta'') l$, suivant le cas,

$$\omega^2 \mu^2 f_n \frac{(u_i - u)}{r_i^{n+1}}, \quad \omega^2 \mu^2 f_n \frac{2(u_i - u)}{2^{n+1} r_i^{n+1}}, \quad \omega^2 \mu^2 f_n \frac{3(u_i - u)}{3^{n+1} r_i^{n+1}}, \dots,$$

en sorte que leur somme sera égale à

$$\omega^2 \mu^2 f_n \frac{u_i - u}{r_i^{n+1}} \left(\frac{1}{1^n} + \frac{1}{2^n} + \frac{1}{3^n} + \frac{1}{4^n} + \dots \right) = \omega^2 \mu^2 f_n \frac{u_i - u}{r_i^{n+1}} \, \mathrm{S} \frac{1}{\omega^n},$$

$\mathrm{S} \dfrac{1}{\omega^n}$ désignant la somme des puissances $n^{\text{ièmes}}$ inverses des nombres naturels. On trouve les valeurs de ces sommes dans divers ouvrages. Elles sont (*voyez* le tome III du grand Traité de Lacroix, 1re édit., 1800. p. 139) :

$$\frac{1}{1^2} + \frac{1}{2^2} + \frac{1}{3^2} + \frac{1}{4^2} + \ldots = \frac{\pi^2}{6},$$

$$\frac{1}{1^3} + \frac{1}{2^3} + \frac{1}{3^3} + \frac{1}{4^3} + \ldots = \frac{\pi^3}{25,79436},$$

$$\frac{1}{1^4} + \frac{1}{2^4} + \frac{1}{3^4} + \frac{1}{4^4} + \ldots = \frac{\pi^4}{90},$$

$$\frac{1}{1^5} + \frac{1}{2^5} + \frac{1}{3^5} + \frac{1}{4^5} + \ldots = \frac{\pi^5}{295,1215},$$

$$\frac{1}{1^6} + \frac{1}{2^6} + \frac{1}{3^6} + \frac{1}{4^6} + \ldots = \frac{\pi^6}{945},$$

. . . .

On trouvera de même la somme des composantes pour d'autres droites où le caractère de l'expression γ_1 (95) sera l'absence de facteur commun aux trois coefficients θ, θ', θ''; on devra écarter en outre celles où $\theta'' = 0$, c'est-à-dire celles qui sont dans le plan γ. Car elles y sont en entier, et ont, pour chaque point matériel situé d'un côté de M, un point matériel situé à une distance égale de l'autre côté. Donc toutes les composantes situées dans le plan γ sont égales et se détruisent, puisqu'elles agissent sur le même point; et il n'y a pas de composante parallèle à l'axe des γ, puisqu'ici $\theta'' = 0$. On n'aura donc à calculer que les sommes

$$\omega^2 \mu^2 f_n \frac{u_1 - u}{r_1^{n+1}} \; \mathbf{S} \frac{1}{\omega^n},$$

où $\theta'' = 1$ ou est $> u_1$ et où θ et θ' ont des valeurs quelconques sous la réserve qu'elles soient entières et que les trois n'aient pas de facteur commun. Je ne connais pas de méthode qui me permette d'aborder cette dernière sommation; je me contenterai de l'indiquer par le signe sommatoire $\mathbf{S}$ qui constitue ici un aveu d'impuissance. Ainsi l'expression générale de la composante, parallèlement à l'axe u, de toutes les attractions exercées sur M par les divers points de A sera représentée par la formule

(96) $$\omega^2 \mu^2 f_n \; \mathbf{S} \frac{1}{\omega^n} \; \mathbf{S} \frac{u_1 - u}{r_1^{n+1}},$$

où la première somme représente une valeur numérique connue, et la seconde, une opération à effectuer.

Évidemment, si j'avais pris pour limites de A le plan β ou le plan α au lieu du plan γ, j'aurais obtenu pour la composante de son attraction totale une forme identique à (96); la seule différence eût été que, si le plan β avait été pris pour limite, θ' serait toujours $= 1$ ou > 1, θ'' et θ étant d'ailleurs des entiers quelconques, nuls, positifs ou négatifs; et que, si c'eût été le plan α, θ serait toujours $= 1$, ou > 1, θ' et θ'' étant à leur tour des nombres entiers nuls, positifs ou négatifs.

Les raisonnements précédents et les conclusions que nous en avons déduites conviennent évidemment au cas d'un plan matériel quelconque pourvu qu'on le choisisse avec deux autres conjugués pour plans coordonnés. Supposons, afin de fixer les idées, qu'il ait été pris pour plan γ', ce qui est toujours permis et ne change en rien la généralité des raisonnements. Il faudra introduire cette hypothèse dans nos formules, ce qui change l'expression (95) en celle-ci :

$$(95 \; bis) \begin{cases} r_1^2 = \theta^2 h'^2 + \theta''^2 k'^2 + \theta''^2_1 l'^2 \\ \qquad + 2\theta\theta' h' k' \cos\widehat{h' k'} + 2\theta' \theta'' k' l' \cos\widehat{k' l'} + 2\theta'' \theta l' h' \cos\widehat{l' h'}; \end{cases}$$

et dans l'expression (96) $u_1 - u$ représentera une des quantités $\theta h'$, $\theta' k'$, $\theta'' l'$; θ, θ' seront des entiers quelconques, négatifs, nuls ou positifs; tandis que θ'' sera toujours $= 1$ ou > 1, et que les trois quantités dont il s'agit n'auront pas de facteur commun. Or, il est palpable qu'à cette sommation on peut en substituer une autre de composantes parallèles à trois autres axes conjugués quelconques pourvu qu'on reste entre les mêmes limites de sommation, c'est-à-dire qu'on prenne les mêmes points. Il est visible également, si on remonte au n° 19, que les θ, θ', θ'' de la formule (95 bis) sont les quantités a', b', c' dudit numéro et que si l'on désigne par $\alpha_1 h$, $\beta_1 k$, $\gamma_1 l$; $\alpha_2 h$, $\beta_2 k$, $\gamma_2 l$ les coordonnées de deux points déterminant avec le point M le nouveau plan matériel, $\alpha_1 - \alpha$, $\beta_1 - \beta$, $\gamma_1 - \gamma$, $\alpha_2 - \alpha$, $\beta_2 - \beta$, $\gamma_2 - \gamma$ sont les quantités que nous avons, dans le numéro précité, désignées respectivement par α_1, β_1, γ_1, α_2, β_2, γ_2; qu'enfin si $\alpha_3 h$, $\beta_3 k$, $\gamma_3 l$ désignent le troisième sommet du parallélipipède élémentaire, et s, s', s'' les valeurs de s correspondant, dans le parallélipipède élémentaire fondamental, aux valeurs de

θ dans le parallélipipède élémentaire conjugé au plan matériel considéré, les formules (41) donneront

$$(97) \quad \begin{cases} \vartheta = \theta(\alpha_1-\alpha) + \theta'(\alpha_2-\alpha) + \theta''(\alpha_3-\alpha), \\ \vartheta' = \theta(\beta_1-\beta) + \theta'(\beta_2-\beta) + \theta''(\beta_3-\beta), \\ \vartheta'' = \theta(\gamma_1-\gamma) + \theta'(\gamma_2-\gamma) + \theta''(\gamma_3-\gamma); \end{cases}$$

et les formules (42)

$$(98) \quad \begin{cases} \theta := \vartheta(\beta_2-\beta)(\gamma_3-\gamma) - (\alpha_2-\alpha)\vartheta'(\gamma_3-\gamma) + (\alpha_2-\alpha)(\beta_3-\beta)\vartheta'' \\ \quad -(\alpha_3-\alpha)(\beta_2-\beta)\vartheta'' + (\alpha_3-\alpha)\vartheta'(\gamma_2-\gamma) - \vartheta(\beta_3-\beta)(\gamma_2-\gamma), \\ \theta' = (\alpha_1-\alpha)\vartheta'(\gamma_3-\gamma) - \vartheta(\beta_1-\beta)(\gamma_3-\gamma) + \vartheta(\beta_3-\beta)(\gamma_1-\gamma) \\ \quad -(\alpha_3-\alpha)\vartheta'(\gamma_1-\gamma) + (\alpha_3-\alpha)(\beta_1-\beta)\vartheta'' - (\alpha_1-\alpha)(\beta_3-\beta)\vartheta'', \\ \theta'' = (\alpha_1-\alpha)(\beta_2-\beta)\vartheta'' - (\alpha_2-\alpha)(\beta_1-\beta)\vartheta'' + (\alpha_2-\alpha)\vartheta'(\gamma_1-\gamma) \\ \quad -\vartheta(\beta_2-\beta)(\gamma_1-\gamma) + \vartheta(\beta_1-\beta)(\gamma_2-\gamma) - (\alpha_1-\alpha)\vartheta'(\gamma_2-\gamma). \end{cases}$$

On pourra dès lors conserver les formules (95) et (96) rapportées,
comme précédemment, aux axes du parallélipidède élémentaire fonda-
mental actuel, sous la condition d'y remplacer respectivement $\theta, \theta', \theta''$
par $\vartheta, \vartheta', \vartheta''$ (97), et de se rappeler que θ'' est toujours un entier positif > 1 ou $= 1$; et que θ, θ' sont des entiers quelconques, négatifs, nuls
ou positifs, $\theta, \theta', \theta''$ n'ayant pas d'ailleurs de facteurs communs. Les
trois groupes $\alpha_1-\alpha$, $\beta_1-\beta$, $\gamma_1-\gamma$; $\alpha_2-\alpha$, $\beta_2-\beta$, $\gamma_2-\gamma$; $\alpha_3-\alpha$,
$\beta_3-\beta$, $\gamma_3-\gamma$ sont dans le même cas; il est facile de voir alors, en
discutant les formules (97), que $\vartheta, \vartheta', \vartheta''$ ne peuvent pas avoir de facteur commun, ce qui était évident *à priori*.

41. Nous pouvons dès à présent signaler une propriété remarquable
des divers plans matériels qu'on peut mener par une même arête MM′:
c'est qu'il y en a un pour lequel la composante (96) rapportée, bien
entendu, constamment aux mêmes axes est nulle, ou du moins très-
petite, et un autre pour lequel elle est un maximum absolu ou relatif,
très-près alors du maximum absolu. Si l'on intercale, entre les plans
matériels, des plans virtuels pour lesquels on calculerait la valeur (96)
par interpolation, il y aurait toujours un plan de maximum absolu et
un plan où cette composante serait nulle. C'est ce que nous allons démontrer.

Soit MM′M″ un premier plan passant par l'arête MM′ et pour un côté A duquel la composante (96) n'est pas nulle. Toutes les composantes partielles provenant des points matériels situés de l'autre côté B étant égales et de signes contraires à celles du côté A, la composante totale fournie par le côté B sera égale et de signe contraire à la première. Nous ne tenons compte ici, cela va sans dire, ni des actions des points matériels situés dans le plan MM′M″, lesquelles se détruisent deux à deux, ni des variations de grandeur des composantes dues aux accroissements de longueur des côtés des parallélipipèdes, parce qu'elles sont d'un ordre inférieur. Maintenant, considérons un second plan MM′M″ passant toujours par l'arête MM′. La portion A′, située du même côté de ce plan que A l'est du plan MM′M″, diffère de la portion A en ce qu'elle a en moins les molécules contenues dans l'angle dièdre M″MM″ et le demi-plan MM″, et qu'elle a en plus les molécules contenues dans l'angle dièdre opposé et dans le prolongement du demi-plan MM″. Les composantes des actions de ces derniers sur celles de l'autre côté détruisent celles du demi-plan MM″, qui ne l'étaient pas auparavant, tandis que l'ablation du demi-plan MM″ rend disponibles les actions dans ce plan des molécules de l'autre moitié. Ensuite les composantes des actions des molécules situées dans l'angle dièdre opposé à l'angle M″MM″ sont égales et de signes contraires à celles des molécules situées dans l'angle dièdre M″MM″. La valeur de (96) pour A′ différera donc de la valeur de (96) pour A, en ce sens qu'une partie des composantes y sera remplacée par des composantes égales et de signes contraires. Elle sera donc, suivant le cas, ou plus grande, ou plus petite. Si la composante (96) de A est positive, et si l'angle dièdre M″MM″ est pris du côté où les composantes sont positives, ce qui est généralement permis, la composante de A′ sera plus petite que celle de A. En imaginant menés par MM′ tous les plans matériels possibles, on passera de l'un à l'autre en remplaçant successivement chacune des composantes par une composante égale et opposée, faisant par conséquent varier d'une manière uniforme la composante (96) jusqu'à ce qu'ayant parcouru deux angles droits, on trouve une valeur égale et de signe contraire. On aurait donc passé par zéro si les plans matériels représentaient toutes les valeurs possibles; mais comme il n'en est pas ainsi, que les plans sont seulement très-voisins, on aura passé par un plan où la composante (96) est ou nulle ou très-petite en valeur absolue.

Si l'on établit la continuité en faisant intervenir des plans virtuels interpolés entre les plans matériels, il y en aura toujours un pour lequel la composante (96) sera zéro.

Maintenant, si on prend pour plan MM'M'' précisément le plan matériel pour lequel la composante (96) a la plus petite valeur absolue, et que l'on raisonne sur tous les plans matériels à parcourir pour arriver de A à B en répétant tout ce qui a été dit précédemment, on verra qu'il doit exister un autre plan où la valeur (96) atteindra son maximum. Ce maximum sera absolu si l'on interpole des plans virtuels entre les plans matériels; mais si l'on ne fait pas cette interpolation, et si ce maximum n'est pas absolu, il en sera du moins très-rapproché.

Rien ne prouve du reste que les maxima et les minima des trois composantes aient lieu simultanément sur les mêmes plans : il est même facile de se convaincre que le contraire a lieu; il suffit, pour cela, de considérer un parallélipipède élémentaire fondamental rectangulaire. Evidemment les composantes parallèles aux axes des α et des β sont nulles sur le plan γ, tandis que la composante γ y est très-grande; de même les composantes parallèles aux axes des β et des γ sont nulles sur le plan α, où la composante α est très-grande, et les composantes parallèles aux axes des γ et des α sont nulles sur le plan des β, où la composante β est très-grande.

42. Passons à présent à l'évaluation directe de l'expression $E_{n,u}$, telle qu'elle est définie aux n°s 29 et 38. Nous y parviendrons visiblement en considérant séparément les points des deux portions situés sur une même droite, et sommant d'abord toutes les composantes qu'ils fournissent; en ajoutant ensuite toutes les sommes de composantes dues aux lignes parallèles qui rencontrent la surface de contact, puis en ajoutant finalement toutes les sommes dues aux diverses directions qui seront représentées, en nombre et en direction, par toutes les lignes qu'on peut mener par un même point M; la somme ainsi obtenue devra être divisée par l'aire de la surface de contact pour donner $E_{n,u}$. Or, ce que nous avons dit, n° 40, sur les distances des points situés en ligne droite est encore vrai ici; soit r_1 la distance d'un point m du plan γ au point m' immédiatement voisin sur

16

la même ligne, mais du côté B, nous aurons pour les distances des points matériels de A situés sur la droite mm' au point m' les quantités respectives r_1, $2r_1$, $3r_1$, $4r_1$, ..., et leurs coordonnées suivraient la même progression arithmétique. Mais le point m' ne sera pas le seul point de B situé sur mm'; il y en aura une série dont les distances respectives à m seront, comme de l'autre côté, r_1, $2r_1$, $3r_1$, $4r_1$, ...; en sorte que la série des distances du second point du côté B aux points situés du côté A sera formée des nombres $2r_1$, $3r_1$, $4r_1$, ...; la série des distances du troisième point sera $3r_1$, $4r_1$, $5r_1$, ...; celle des distances du quatrième point, $4r_1$, $5r_1$, ... Donc, si l'on veut sommer toutes les composantes des points de A et de B situés sur une même droite mm', il faudra sommer l'ensemble des termes

$$\omega^2 \mu^2 f_n \frac{(u_1 - u)}{r_1^{n+1}} \begin{cases} \dfrac{1}{1^n} + \dfrac{1}{2^n} + \dfrac{1}{3^n} + \ldots \\ \quad + \dfrac{1}{2^n} + \dfrac{1}{3^n} + \ldots \\ \quad\quad\quad + \dfrac{1}{3^n} + \ldots \\ \ldots\ldots\ldots\ldots\ldots \end{cases}$$

$$= \omega^2 \mu^2 f_n \frac{(u_1 - u)}{r_1^{n+1}} \left(\frac{1}{1^n} + \frac{2}{2^n} + \frac{3}{3^n} + \ldots \right)$$

$$= \omega^2 \mu^2 f_n \frac{(u_1 - u)}{r_1^{n+1}} \left(\frac{1}{1^{n-1}} + \frac{1}{2^{n-1}} + \frac{1}{3^{n-1}} + \ldots \right)$$

$$= \omega^2 \mu^2 f_n \frac{(u_1 - u)}{r_1^{n+1}} S \frac{1}{\omega^{n-1}}.$$

Or, on prouverait facilement, par des raisonnements déjà employés au n° 38, que le nombre de droites parallèles à une direction donnée qui rencontrent le plan de séparation, dont l'aire est a, est égal à $\frac{a}{hk \sin c}$, h, k et c ayant ici les significations indiquées au n° 18; par conséquent, la somme de toutes les composantes parallèles à une même direction sera égale à

$$\frac{a}{hk \sin c} \, \omega^2 \, \mu^2 f_n \frac{(u_1 - u)}{r_1^{n+1}} S \frac{1}{\omega^{n-1}}.$$

Il reste à sommer les quantités dues aux directions différentes; cette sommation porte uniquement sur $\frac{u_1 - u}{r_1^{n+1}}$, les autres facteurs étant les mêmes pour toutes les directions; c'est identiquement la même que celle du n° **40**, désignée par le signe $\mathbf{S}$; car θ'' est encore ici > 1 ou $= 1$, tandis que θ, θ' sont nuls, positifs ou négatifs, sans facteur commun aux trois quantités. Doublons cette somme pour les motifs exposés dans le n° 38 relativement à la formule (90) et divisons-la par l'aire a de la surface de contact, nous aurons $E_{n,u}$ qui sera consé-quemment représenté par la formule

$$(99) \qquad E_{n,u} = 2\omega^2 \mu^2 f_u \frac{\mathbf{S}\frac{1}{\varpi^{n-1}}}{hk\sin c}\, \mathbf{S}\,\frac{u_1 - u}{r_1^{n+1}}.$$

Cette dernière valeur se calculera comme (96) au moyen de la relation (95), et aura la même étendue et les mêmes propriétés que (96). Nous ne pouvons, sur ce sujet, que rappeler les raisonnements développés dans les n°ˢ **40** et **41**.

Si nous voulions trouver la composante de la force élastique appli-quée à la force γ du parallélipipède élémentaire fondamental, il fau-drait multiplier $E_{n,u}$ par $hk\sin c$. On aurait donc alors

$$(100) \qquad E_{n,u}\, hk\sin c = 2\omega^2 \mu^2 f_n\, \mathbf{S}\,\frac{1}{\varpi^{n-1}}\cdot\mathbf{S}\,\frac{u_1 - u}{r_1^{n+1}};$$

ce qui est à la composante (96) de l'attraction dans le rapport constant de $2\,\mathbf{S}\frac{1}{\varpi^{n-1}}$ à $\mathbf{S}\frac{1}{\varpi^n}$, et constitue un théorème remarquable, que la sé-rie n'eût pas fait prévoir, au moins aussi facilement.

§ VII. — *Considérations théoriques et pratiques sur les grandeurs de f et de n.*

43. En remontant aux formules (77), (78) et (79), nous pouvons observer que toutes les dérivées qui entrent comme facteurs dans les coefficients de L sont en général finies, et que par conséquent chaque terme du second membre de (77), à partir du second, est extrême-

16.

ment petit et négligeable par rapport à celui qui le précède; il n'y a
d'exception que pour le cas fort rare où Cl est tellement petit, que la
valeur correspondante de r peut être encore extrêmement petite. Mais
il n'en est plus de même pour M; r_0, r_1, r_2 sont nécessairement toujours extrêmement petits, et, par suite, les valeurs des dérivées successives sont de plus en plus grandes; en sorte que, non-seulement les divers termes sont à peu près du même ordre, et peuvent former des
séries divergentes, ainsi que nous l'avons exposé dans le § V, mais encore que ces termes peuvent, suivant la grandeur de n, être très-grands
ou très-petits par rapport à L ou du même ordre. Il résulte de ceci
que n n'est pas entièrement arbitraire dès qu'on admet que la force
élastique $E_{n,u}$ (90) est finie, et, en présence des faits, il est impossible
d'agir autrement. Il est donc utile de déterminer l'ordre d'un des principaux termes de $\Lambda + \Theta$, afin de voir les conditions auxquelles f_n doit
satisfaire pour que $f_n(\Lambda + \Theta)$ soit de l'ordre h^{-1}. Telle est la question
que nous entreprenons de résoudre.

Si l'on a bien compris la marche des calculs indiqués dans le § VI,
on a vu que, pour obtenir P (81), il faut appliquer à chacun des termes
de L et de M la série de calculs indiqués par cette formule; qu'il en
est de même relativement à N et à P pour obtenir R, etc., et que, par
suite, ces formules fournissent le moyen de calculer l'un quelconque
des termes de Θ dérivant d'un terme pris à part dans M. Soit $\frac{u_0 - u'}{r_0^{n+1}}$
celui-ci; je le choisis, parce que les calculs numériques du § V lui assignent une certaine importance; soit ensuite, parmi les termes qu'en
fait dériver la formule (81), M_3 celui qu'on prend; ce second terme en
fournira dans la formule (84) une série dans laquelle je choisirai le
terme P_3; celui-ci en fournira, à son tour, dans la relation (87), une
suite dans laquelle je distinguerai R_{-1}. C'est à coup sûr un des termes
sensibles de (87), et généralement un des plus importants, à moins
qu'il ne soit nul, cas auquel je prendrai le terme immédiatement voisin,
qui ne l'est certainement pas; il s'agit de le calculer.

La formule

$$\frac{u - u'}{r^{n+1}}$$

représente trois quantités qui sont, dans le cas des coordonnées rectangulaires qu'on peut admettre ici comme suffisamment général et de beaucoup le plus simple,

$$\frac{(\alpha - \alpha')\,\mathrm{h}}{r^{n+1}}, \quad \frac{(\beta - \beta')\,\mathrm{k}}{r^{n+1}}, \quad \frac{(\gamma - \gamma')\,\mathrm{l}}{r^{n+1}},$$

r étant donné par la relation

$$r^2 = (\alpha - \alpha')^2\,\mathrm{h}^2 + (\beta - \beta')^2\,\mathrm{k}^2 + (\gamma - \gamma')^2\,\mathrm{l}^2.$$

Le terme général

$$\frac{u_0 - u'}{r_0^{n+1}},$$

qui représente les mêmes conditions où l'on a fait $\gamma = 0$, correspond aux trois expressions

$$\frac{(\alpha - \alpha')\,\mathrm{h}}{r_0^{n+1}}, \quad \frac{(\beta - \beta')\,\mathrm{k}}{r_0^{n+1}}, \quad \frac{-\gamma'\,\mathrm{l}}{r_0^{n+1}},$$

avec

$$r_0^2 = (\alpha - \alpha')^2\,\mathrm{h}^2 + (\beta - \beta')^2\,\mathrm{k}^2 + \gamma'^2\,\mathrm{l}^2.$$

Comme elles sont de même ordre, et que nous voulons éviter les annulations pour $\alpha = \alpha'$, $\beta = \beta'$, nous considérerons seulement la troisième. Or le terme M_3, qu'on déduit de celui-ci en faisant $\beta = \beta'$, est

$$\frac{-\gamma'\,\mathrm{l}}{[(\alpha - \alpha')^2\mathrm{h}^2 + \gamma'^2\mathrm{l}^2]^{\frac{n+1}{2}}}.$$

En y faisant $\alpha = \alpha'$, on en déduit le terme de P_3 qui y correspond; c'est donc

$$\frac{-1}{\gamma'^n\,\mathrm{l}^n}.$$

Enfin le terme que celui-ci fournit à R_{-}, est donné par la relation $\gamma' = -1$; c'est

$$\frac{\mp 1}{\mathrm{l}^n},$$

suivant que n est pair ou impair; il sera caractéristique de l'ordre de Θ, c'est-à-dire de $\mathop{\mathrm{SSSS}}\dfrac{u - u'}{r^{n+1}}$; et, ainsi qu'on était porté à le prévoir, cette quantité est de l'ordre $\frac{1}{h^n}$. Toute autre filiation de termes que nous eussions suivie nous eût conduits au même résultat, et comme les termes influents dans M sont au plus au nombre de six ou sept, qu'aucun d'eux n'en donne davantage dans P, celui-ci n'en contiendra guère qu'une quarantaine; R en renfermera tout au plus 250, et Θ 1500. Ce chiffre est très-grand sans doute, mais insuffisant pour changer l'ordre de la somme, d'autant plus que ces 1500 termes seront très-inégaux en grandeur. Θ sera donc de l'ordre $\frac{1}{l^n}$. Or, nous avons établi, à la fin du n° 38, que $f_n \Theta$ devait toujours être de l'ordre h^{-4}; donc il faut que $\frac{f_n}{l^n}$ soit de l'ordre $\frac{1}{h^4}$; par conséquent, on doit avoir $n = 4$, si f est fini; et si n est > 4, f_n doit devenir extrêmement petit, d'ordres de plus en plus inférieurs à mesure que n augmente, comme il doit devenir extrêmement grand si n est < 4. On voit immédiatement que, f étant fini et même assez petit pour $n = 2$, la gravitation universelle en raison inverse du carré des distances ne peut pas intervenir dans les actions moléculaires; c'est ce qu'on admet généralement aujourd'hui, mais sans en posséder une démonstration rigoureuse, du moins à ma connaissance.

Nous examinerons bientôt les renseignements que l'expérience peut fournir sur la grandeur de n; mais nous allons momentanément poursuivre les conséquences de ce que nous venons d'établir sur l'ordre de Θ et de Λ.

44. En général, tous les termes de L sont négligeables à côté du premier qui est de l'ordre $\frac{1}{h}$; car l'intégrale

$$\int_0^{Cl} \frac{u - u'}{r^{n+1}} \, d\gamma\, l,$$

ne contenant que la substitution de Cl, est nécessairement finie dès que Cl l'est; donc le second membre de (77) se réduit au premier terme. Mais M peut contenir des termes de l'ordre $\frac{1}{h^n}$ quand on l'applique aux points qui seuls interviennent d'une manière sensible dans le développement de Θ, et c'est ce que nous venons de voir dans le numéro précédent. On peut donc négliger dans la formule (81) tous les termes qui proviennent de L et sont au plus de l'ordre $\frac{1}{h}$, tandis que les autres sont de l'ordre $\frac{1}{h^2}$, ou peut-être plus. En revanche, tous les termes qu'on déduit de M dans le calcul de N, et qui s'obtiennent en donnant à β des valeurs finies dans l'expression de M, deviennent immédiatement des quantités extrêmement petites et des quantités de l'ordre h^0 : car, par exemple,

$$\frac{(\alpha - \alpha')h}{[(\alpha - \alpha')^2 h^2 + (\beta - \beta')h^2 + \gamma'^2 l^2]^{\frac{n+1}{2}}}$$

devient, pour $\beta = B'$,

$$\frac{(\alpha - \alpha')h}{[(\alpha - \alpha')^2 h^2 + (B' - \beta')^2 h^2 + \gamma'^2 l^2]^{\frac{n+1}{2}}},$$

quantité où le dénominateur est nécessairement de l'ordre h, quelque petits qu'on suppose ensuite $\alpha - \alpha'$ et γ', puisque $(B' - \beta')^2 k^2$ est une quantité de l'ordre h^0 à cause de la grande différence qui existe entre B' et β'. Il en sera de même des autres termes. Donc, L étant déjà une quantité de l'ordre $\frac{1}{h}$, sera très-grand par rapport aux termes déduits de M qui figurent dans N (80); en outre, les termes déduits de L et autres que l'intégrale, qui figurent dans la même relation, étant extrêmement petits relativement au quotient de l'intégrale par k, doivent être également négligés. L'expression (80) se réduit donc à l'intégrale relative à L. En continuant ces raisonnements, on verra qu'on peut négliger, dans (83), tous les termes provenant de P, et, à part l'intégrale, ceux provenant de N; dans (84), tous les termes provenant de N; dans (86), tous les termes provenant de R, et, à part l'intégrale, ceux provenant de Q; enfin, dans (87), tous les termes provenant de Q. Il demeure bien entendu que toutes ces réductions supposent $n > 2$, ce qui a lieu nécessairement, ainsi que nous l'avons précédemment démontré; qu'enfin aussi le point M est supposé à une distance finie des limites du corps.

Dans ce cas très-général, les formules du n° 38 doivent être remplacées par les suivantes, beaucoup plus concises :

$$(101) \qquad L = \frac{1}{l} \int_0^{Cl} \frac{u-u'}{r^{n+1}} \, d\gamma \, l;$$

$$(102) \quad \begin{aligned}
M = &-\frac{1}{l} \int_0^{2l} \frac{u-u'}{r^{n+1}} \, d\gamma \, l \\
&+ \frac{u_0-u'}{r_0^{n+1}} + \frac{u_1-u'}{r_1^{n+1}} + \frac{1}{2} \frac{u_2-u'}{r_2^{n+1}} - \frac{l}{12} \frac{d}{d\gamma l} \left(\frac{u_2-u'}{r_2^{n+1}} \right) \\
&+ \frac{l^3}{720} \frac{d^3}{d\gamma l^3} \left(\frac{u_2-u'}{r_2^{n+1}} \right) - \frac{l^5}{30240} \frac{d^5}{d\gamma l^5} \left(\frac{u_2-u'}{r_2^{n+1}} \right) \\
&+ \frac{l^7}{1\,209\,600} \frac{d^7}{d\gamma l^7} \left(\frac{u_2-u'}{r_2^{n+1}} \right) - \frac{l^9}{47\,900\,160} \frac{d^9}{d\gamma l^9} \left(\frac{u_2-u'}{r_2^{n+1}} \right) + \cdots
\end{aligned}$$

(il ne faut pas oublier que, dans ces deux équations, l'intégrale est soumise à la convention du n° **38**);

$$(103) \qquad N = \frac{1}{k} \int_B^{B'} L \, d\beta k;$$

$$(104) \quad \begin{aligned}
P = &-\frac{1}{k} \int_{\beta'-2}^{\beta'+2} M \, d\beta k + \frac{1}{2} M_1 + M_2 + M_3 + M_4 + \frac{1}{2} M_5 \\
&- \frac{k}{12} \left(\frac{dM_5}{d\beta k} - \frac{dM_1}{d\beta k} \right) + \frac{k^3}{720} \left(\frac{d^3 M_5}{d\beta k^3} - \frac{d^3 M_1}{d\beta k^3} \right) \\
&- \frac{k^5}{30240} \left(\frac{d^5 M_5}{d\beta k^5} - \frac{d^5 M_1}{d\beta k^5} \right) + \frac{k^7}{1\,209\,600} \left(\frac{d^7 M_5}{d\beta k^7} - \frac{d^7 M_1}{d\beta k^7} \right) \\
&- \frac{k^9}{47\,900\,160} \left(\frac{d^9 M_5}{d\beta k^9} - \frac{d^9 M_1}{d\beta k^9} \right) + \cdots;
\end{aligned}$$

$$(105) \qquad Q = \frac{1}{h} \int_A^{A'} N \, d\alpha h;$$

$$(106) \quad \begin{aligned}
R = &-\frac{1}{h} \int_{\alpha'-2}^{\alpha'+2} P \, d\alpha h \\
&+ \frac{1}{2} P_1 + P_2 + P_3 + P_4 + \frac{1}{2} P_5 - \frac{h}{12} \left(\frac{dP_5}{d\alpha h} - \frac{dP_1}{d\alpha h} \right) \\
&+ \frac{h^3}{720} \left(\frac{d^3 P_5}{d\alpha h^3} - \frac{d^3 P_1}{d\alpha h^3} \right) - \frac{h^5}{30240} \left(\frac{d^5 P_5}{d\alpha h^5} - \frac{d^5 P_1}{d\alpha h^5} \right) \\
&+ \frac{h^7}{1\,209\,600} \left(\frac{d^7 P_5}{d\alpha h^7} - \frac{d^7 P_1}{d\alpha h^7} \right) - \frac{h^9}{47\,900\,160} \left(\frac{d^9 P_5}{d\alpha h^9} - \frac{d^9 P_1}{d\alpha h^9} \right) + \cdots;
\end{aligned}$$

$$(107) \qquad \Lambda = \frac{1}{l} \int_{-1}^{-C'} (Q + R)\, d\gamma'\, l;$$

$$(108) \quad \left\{ \begin{aligned} \Theta &= -\frac{1}{l}\int_{-1}^{-3} R\, d\gamma'\, l + R_{-1} + R_{-2} + \frac{1}{2}\, R_{-3} - \frac{l}{12}\frac{d\, R_{-3}}{d\gamma'\, l} + \frac{l^3}{720}\frac{d^3\, R_{-3}}{d\overline{\gamma'\, l}^3} \\ &\quad - \frac{l^5}{30\,240}\frac{d^5\, R_{-3}}{d\overline{\gamma'\, l}^5} + \frac{l^7}{1\,209\,600}\frac{d^7\, R_{-3}}{d\overline{\gamma'\, l}^7} - \frac{l^9}{47\,900\,160}\frac{d^9\, R_{-3}}{d\overline{\gamma'\, l}^9} + \dots; \end{aligned} \right.$$

$$(109) \qquad E_{n,u} = 2\, f_n\, \omega^2\, \mu^2\, \frac{\Theta + \Lambda}{hk \sin \widehat{xy}}.$$

Nous avons conservé R dans l'intégrale (107), parce qu'il fournit un terme pour $\gamma' = -1$; mais si l'on veut appliquer ici les notations adoptées pour les intégrales de (101) et (102), c'est-à-dire prendre pour valeurs des intégrales ce que leurs valeurs indéfinies deviennent quand on y supprime la constante arbitraire et qu'on y fait γ' respectivement égal à $-C'$ et à -3, les formules (107) et (109) pourront être remplacées par les deux suivantes :

$$(110) \qquad \Lambda = \frac{1}{l}\int_{0}^{-C'} Q\, d\gamma'\, l;$$

$$(111) \qquad E_{n,u} = 2\, f_n\, \omega^2\, \mu^2\, \frac{\Theta}{hk \sin \widehat{xy}}.$$

Ces simplifications des formules $\left[\text{l'intégrale de (108) doit être remplacée par} \int_{0}^{-3} R\, d\gamma'\, l\right]$ profiteront également au calcul des attractions et à celui des élasticités, puisqu'on peut en déduire les composantes de l'attraction, ainsi que nous l'avons établi au n° 39.

45. Les réductions que nous venons d'opérer dans les formules destinées à calculer les composantes de l'élasticité ont une conséquence physique importante; la voici: dès que n est > 2, et cette condition est nécessaire à la production des actions moléculaires, les expressions de l'attraction déduites de L, N, Q, Λ, et qui contiennent les limites du corps, n'interviennent plus dans l'expression de l'élasticité, ni dans les attractions exercées sur un point intérieur, pourvu qu'on observe la

17

convention rappelée aux formules (101), (102), (110) et (111); l'inob-
servation de cette convention ne rétablirait pas d'ailleurs les limites du
corps dans l'expression de $E_{n,u}$, ainsi qu'on peut s'en convaincre aisément par un peu de réflexion. Les composantes $E_{n,u}$ ne contiennent
plus que les quantités M, P, R, Θ, c'est-à-dire des quantités dépendant
d'un petit nombre de molécules voisines du point considéré. Sans doute,
plus on fait concourir un grand nombre de celles-ci à la détermination
de M, P, R, Θ, plus on obtient de convergence dans les séries, et par
conséquent d'exactitude dans la détermination qu'on se propose; mais
néanmoins un nombre relativement restreint de ces molécules permet
déjà de calculer avec une approximation très-grande les valeurs dont
il s'agit. L'élasticité interne des corps ne dépend donc pas de leurs
limites extérieures.

Un autre fait résulte encore de ces formules : c'est que μ^2 étant constant, qu'on lui conserve son expression primitive ou qu'on la remplace par le produit du volume du parallélipipède élémentaire multiplié
par la densité actuelle, l'expression de $E_{n,u}$ ne contient pas nécessairement cette densité comme facteur, encore moins en contient-elle le carré
comme facteur. La densité ne peut y entrer en cette qualité que si elle
est facteur de Θ, ce qui est nécessairement un cas particulier.

Or, cette indépendance de l'élasticité ou des efforts attractifs d'avec
la densité et les dimensions extérieures du corps est un fait de tout point
conforme aux observations, et dans l'explication duquel toutes les
théories fondées sur la continuité de la matière avaient complétement
échoué; seules les théories basées sur la notion de l'élasticité, telle
que l'admettent Cauchy et M. Lamé, avaient échappé jusqu'à présent à
cet écueil, mais en demeurant dans un vague complet sur les dernières
dispositions des molécules. Nous ne pouvons pas mieux faire que citer
à ce sujet les paroles de M. de Saint-Venant, dans son Mémoire *sur la
question de savoir s'il existe des masses continues et sur la nature probable
des dernières particules des corps*, lu à la Société philomathique, le
20 janvier 1844. Les voici :

« On admet généralement, depuis Newton, que les particules des
corps exercent les unes sur les autres des actions dont les intensités sont
fonctions de leurs distances mutuelles, et qui, répulsives pour les plus
petites distances, changent de signe et sont attractives pour les grandes,

mais qui décroissent rapidement et deviennent relativement insensibles à des distances perceptibles. Les pressions sont des sommes de forces pareilles estimées dans une même direction. Or, M. Poisson et M. Cauchy (qui arrivait en même temps à des résultats semblables) ont démontré que si ces sommes étaient composées d'une infinité de termes dont les grandeurs se suivent sans discontinuité : 1° les pressions à l'intérieur du corps n'auraient aucune composante parallèle aux faces où elles s'exercent; elles seraient constamment normales à ces faces; 2° ces pressions ne varieraient que comme le carré de la densité, lorsque l'on ferait éprouver un dérangement quelconque aux parties d'un corps. »

M. de Saint-Venant en conclut qu'il ne peut pas exister dans la nature des corps composés de matière continue. Les formules que nous venons d'obtenir montrent qu'aucune des objections précédentes n'existe contre l'élasticité déduite de l'attraction dans le cas de la matière discontinue. Les résultats difficiles à expliquer avec nos formules, ou qui du moins semblent devoir l'être, sont l'égalité de pression en tout sens, et la résistance proportionnelle à la densité que l'expérience indique être une propriété inhérente à certains corps; mais nous n'en sommes pas encore arrivés à traiter ces questions, et nous allons étudier les indications que les expériences faites sur les attractions à distance peuvent nous donner sur la grandeur de n.

46. Les expériences bien connues sur l'attraction sont de deux natures différentes : les unes se rapportent aux attractions à distance finie et n'ont constaté que la loi de la raison inverse du carré des distances : ce sont les lois de la pesanteur à la surface du globe, les attractions planétaires, et les expériences sur l'attraction de deux sphères homogènes exécutées par Cavendish pour mesurer la densité du globe terrestre; les autres sont les expériences de divers physiciens sur la capillarité et l'adhésion, qui se rapportent aux distances extrêmement petites. Je ne m'occuperai pas quant à présent de ces dernières, parce que je n'ai pas encore étudié le mode assez compliqué suivant lequel les actions s'y produisent; mais j'aborderai les autres, qui ont l'avantage d'être faites à des distances telles, qu'il y est permis d'assimiler les résultats obtenus dans l'hypothèse d'une matière continue aux résultats dus réellement à la matière discontinue. Commençons par rappeler sommaire-

ment les formules qui serviront de base à nos calculs numériques, et qui représentent les actions exercées par une sphère homogène sur un point matériel, ou sur une seconde sphère homogène, en vertu d'attractions en raison inverse :

1° Du carré de la distance;

2° Du cube de la distance;

3° De la quatrième puissance de la distance;

4° De la cinquième puissance de la distance.

Observons en outre ici que le choix des axes est indifférent; que nous pouvons par conséquent les supposer toujours rectangulaires, et borner nos premières intégrations à la recherche de $\int\int\int \frac{dm}{r^{n-1}}$. A cet effet, nous recourrons aux coordonnées polaires, qui partagent avec les coordonnées rectangulaires la propriété de pouvoir représenter les composantes par des dérivées ; dans la première recherche, celle de l'attraction d'une sphère sur un point matériel, nous prendrons le centre O de la sphère pour origine, le plan perpendiculaire à la droite Om', menée du centre O au point attiré m', pour plan fixe, et une droite menée dans ce plan par l'origine pour droite fixe. Nous représenterons, comme à l'ordinaire, par r le rayon vecteur Om mené du centre O à un point quelconque m de la sphère, par φ l'angle du rayon vecteur avec le plan fixe, par ψ l'angle de sa projection avec la droite fixe, par δ la distance donnée Om', et enfin par d la distance variable mm'. Nous calculerons, au moyen de ces données, l'action totale exercée par la sphère O sur le point m', et de là, par l'emploi d'un système analogue de coordonnées, dont l'origine sera le centre O' de la nouvelle sphère, et le plan fixe un plan mené par O' perpendiculairement à la droite OO' des centres, nous déterminerons l'action exercée par la première sphère sur la seconde. Quoique cette marche soit bien connue, et que les résultats en soient donnés dans divers ouvrages pour les premières puissances de r, nous allons en rappeler sommairement les calculs pour les valeurs 2, 3, 4, 5 de n.

47. *Cas de $n = 2$.* — Il s'agit de sommer $\frac{dm}{r}$ pour en déduire l'action de la sphère O sur le point matériel extérieur m'. Désignons la densité constante de la sphère par Γ; nous aurons, avec les dénominations précédentes,

(112) $$d^2 = \delta^2 + r^2 - 2\,\delta\,r\sin\varphi\,;$$

(113) $$dm = \Gamma\,r^2\cos\varphi\,d\varphi\,d\psi\,dr.$$

Donc la triple intégrale

$$\int_{r=0}^{r=R}\int_{\varphi=-\frac{\pi}{2}}^{\varphi=\frac{\pi}{2}}\int_{\psi=0}^{\psi=2\pi}\frac{\Gamma\,r^2\cos\varphi\,d\varphi\,d\psi\,dr}{(\delta^2+r^2-2\,\delta\,r\sin\varphi)^{\frac{1}{2}}}$$

représentera $\mathrm{S}\,\dfrac{dm}{r}$ pour la sphère O et le point matériel m'. Les intégrations donneront successivement

$$\mathrm{S}f_2\frac{dm}{r}=2\pi f_2\int\int\frac{\Gamma\,r^2\cos\varphi\,d\varphi\,dr}{(\delta^2+r^2-2\,\delta\,r\sin\varphi)^{\frac{1}{2}}}=\frac{4\pi f_2\Gamma}{\delta}\int r^2\,dr=\frac{4\pi f_2\Gamma R^3}{3\,\delta}.$$

En différentiant cette expression relativement à δ, direction de la résultante totale des attractions exercées par la sphère O sur le point matériel m', il vient

(114) $$-f_2\,\Gamma\,\frac{4\pi R^3}{3}\frac{1}{\delta^2}\,;$$

c'est-à-dire que l'attraction exercée par la sphère sur un point est le produit de la masse $\left(\dfrac{4\pi R^3}{3}\text{ est le volume de la sphère}\right)$ par l'attraction f_2 de l'unité de masse à l'unité de distance, divisé par le carré de la distance du centre de la sphère au point attiré; en d'autres termes, elle est la même que si la masse entière de la sphère était concentrée en son centre de gravité, ce qui est l'expression bien connue de l'attraction d'une sphère sur un point extérieur.

Considérons maintenant la sphère O' de rayon R', dont l'un quelconque des points m' est attiré par la sphère O suivant la droite Om' avec une force égale au produit de la masse de m' par l'expression (114); cherchons l'action totale qui en résulte et est dirigée, comme l'on sait, suivant la droite OO', dont nous représenterons la longueur par a. Nous prenons, ainsi que nous l'avons dit au numéro précédent, le centre O' pour nouvelle origine, le plan perpendiculaire à OO' pour plan fixe, une droite menée dans ce plan par O' pour droite fixe, et nous désignons encore les coordonnées polaires par r, φ, ψ; l'élément de masse y sera

donné encore par l'équation (113), en y marquant m et Γ d'un accent;
nous y joindrons les relations

(115)
$$\begin{cases} \eth^2 = a^2 + r^2 - 2\,ar\sin\varphi, \\ r^2 = a^2 + \eth^2 - 2\,a\eth\cos\widehat{a\,\eth}, \end{cases}$$

d'où
$$\cos\widehat{a\,\eth} = \frac{a^2 + \eth^2 - r^2}{2\,a\eth}.$$

La composante suivant OO′ de la force (114), multipliée par dm' ou le
second membre de la formule (113) marqué d'accents, aura donc pour
expression

$$-\frac{3}{4}\,\pi f_2\,\Gamma\Gamma'\,\frac{R^3}{\eth^2}\frac{a^2 + \eth^2 - r^2}{2\,a\eth}\,r^2\cos\varphi\,d\varphi\,d\psi\,dr;$$

et il faut en éliminer $\eth$ ou φ au moyen de la première relation (115).
Le plus simple est d'éliminer φ; car, en différentiant la première relation (115) avec l'hypothèse de r constant qui est admise dans l'intégration par rapport à φ, si on suit l'ordre suivant, ψ, φ, r, on a

$$\eth\,d\eth = -\,ar\cos\varphi\,d\varphi;$$

faisant cette substitution dans l'expression de la composante, on obtient

$$\frac{2}{3}\,\pi f_2\,\Gamma\Gamma'\,\frac{R^3}{a^2}(a^2 + \eth^2 - r^2)\,\frac{r}{\eth^2}\,d\varphi\,d\psi\,dr.$$

Il faut l'intégrer successivement par rapport à ψ de $\psi = 0$ à $\psi = 2\pi$;
par rapport à $\eth$, de $\varphi = -\frac{\pi}{2}$ ou $\eth = a - r$ à $\varphi = \frac{\pi}{2}$ ou $\eth = a + r$; par
rapport à r, depuis $r = 0$ jusqu'à $r = R'$. Cette triple intégration, dont
l'ordre est obligatoire par suite de la manière dont nous avons opéré la
substitution, donnera les résultats suivants :

$$\frac{2}{3}\,\pi f_2\,\Gamma\Gamma'\,\frac{R^3}{a^2}\iiint\frac{(a^2 + \eth^2 - r^2)}{\eth^2}\,r\,d\eth\,d\psi\,dr$$
$$= \frac{4}{3}\,\pi^2 f_2\,\Gamma\Gamma'\,\frac{R^3}{a^2}\iint\frac{(a^2 + \eth^2 - r^2)}{\eth^2}\,r\,d\eth\,dr$$
$$= \frac{16}{3}\,\pi^2 f_2\,\Gamma\Gamma'\,\frac{R^3}{a^2}\int r^2\,dr$$
$$= \frac{16}{9}\,\pi^2 f_2\,\Gamma\Gamma'\,\frac{R^3 R'^3}{a^2}.$$

L'action réciproque de deux sphères, par suite de l'attraction en raison inverse du carré des distances, a donc pour valeur absolue

(116) $$\frac{16}{9} \pi^2 f_2 \Gamma\Gamma' \frac{R^3 R'^3}{a^2}.$$

Cas de $n = 3$. — Les conclusions et les conventions demeurant les mêmes que ci-dessus, nous trouverons pour les calculs de la triple intégrale $\frac{1}{2} f_3 \iiint \frac{dm}{r^3}$ les résultats suivants :

$$\frac{f_3 \Gamma}{2} \iiint \frac{r^2 \cos\varphi \, d\varphi \, d\psi \, dr}{\delta^2 + r^2 - 2\delta r \sin\varphi} = \pi f_3 \Gamma \iint \frac{r^2 \cos\varphi \, d\varphi \, dr}{\delta^2 + r^2 - 2\delta r \sin\varphi}$$

$$= \frac{\pi f_3 \Gamma}{\delta} \int \log \frac{\delta + r}{\delta - r} \, r \, dr$$

$$= \pi f_3 \Gamma R - \frac{\pi f_3 \Gamma}{2\delta} (\delta^2 - R^2) \log \frac{\delta + R}{\delta - R}.$$

Différentions cette quantité par rapport à δ pour avoir l'action exercée par une sphère homogène sur un point extérieur m' en vertu d'une attraction en raison inverse du cube de la distance; nous aurons

(117) $$\frac{\pi f_3 \Gamma}{2} \left[\frac{2R}{\delta} - \frac{(\delta^2 + R^2)}{\delta^2} \log \frac{\delta + R}{\delta - R} \right].$$

Par conséquent, la composante suivant OO' de l'attraction de la sphère O sur le point M' sera, en recourant aux nouveaux axes définis au commencement de ce numéro,

$$\frac{\pi}{2} f_3 \Gamma\Gamma' \left[\frac{2R}{\delta} - \frac{(\delta^2 + R^2)}{\delta^2} \log \frac{\delta + R}{\delta - R} \right] r^2 \cos\varphi \, d\varphi \, d\psi \, dr \frac{a^2 + \delta^2 - r^2}{2a\delta};$$

ou, en éliminant φ,

$$- \frac{\pi f_3 \Gamma\Gamma'}{4a^2} \left[\frac{2R}{\delta} - \frac{(\delta^2 + R^2)}{\delta^2} \log \frac{\delta + R}{\delta - R} \right] (a^2 + \delta^2 - r^2) r \, d\psi \, d\delta \, dr.$$

La triple intégration qu'il faudra effectuer entre les limites déjà définies donnera successivement

$$-\frac{\pi^2 f_3 \Gamma\Gamma'}{2a^2} \int \int \left[\frac{2\,R}{\delta} - \frac{(\delta^2 + R^2)}{\delta^2} \log\left(\frac{\delta + R}{\delta - R}\right) \right] (a^2 + \delta^2 - r^2)\, r\, d\delta\, dr$$

$$= \frac{\pi^2 f_3 \Gamma\Gamma'}{3a^2} \int \Big\{ \quad [2(a^3 + R^3) + 3(a^2 + R^2)\, r - r^3] \log(a + R + r)$$
$$- [2(a^3 + R^3) - 3(a^2 + R^2)\, r + r^3] \log(a + R - r)$$
$$- [2(a^3 - R^3) + 3(a^2 + R^2)\, r - r^3] \log(a - R + r)$$
$$+ [2(a^3 - R^3) - 3(a^2 + R^2)\, r + r^3] \log(a - R - r)$$
$$- 4\,a R\,r \Big\}\, r\, dr$$

$$(118) \quad \left\{ \begin{aligned} &= \frac{\pi^2 f_3 \Gamma\Gamma'}{15 a^2} \Big\{ [a^5 - 5a^3(R^2 + R'^2)] \log\left[\frac{a^2 - (R - R')^2}{a^2 - (R + R')^2} \right] \\ &\quad + [R^5 - 5R^3(a^2 + R'^2)] \log\left[\frac{(a - R')^2 - R^2}{(a + R')^2 - R^2} \right] \\ &\quad + [R'^5 - 5R'^3(a^2 + R^2)] \log\left[\frac{(a - R)^2 - R'^2}{(a + R)^2 - R'^2} \right] \\ &\quad - 4\,a R R'(a^2 + R^2 + R'^2) \Big\}. \end{aligned} \right.$$

Cette formule est très-symétrique dans sa prolixité.

Cas de $n = 4$. — Conservons toujours les mêmes notations et la même méthode. Nous avons d'abord à intégrer (n° **12**) l'expression $\frac{f_4}{3} S \frac{dm}{r^3}$, par rapport à ψ, φ, r entre les limites définies plus haut; cette opération est résumée dans les formules suivantes :

$$\frac{f_4 \Gamma}{3} \int \int \int \frac{r^2 \cos\varphi\, d\varphi\, d\psi\, dr}{(\delta^2 + r^2 - 2\delta r \sin\varphi)^{\frac{3}{2}}} = \frac{2\pi f_4 \Gamma}{3} \int \int \frac{r^2 \cos\varphi\, d\varphi\, dr}{(\delta^2 + r^2 - 2\delta r \sin\varphi)^{\frac{3}{2}}}$$

$$= \frac{4\pi f_4 \Gamma}{3\delta} \int \frac{r^2\, dr}{\delta^2 - r^2}$$

$$= \frac{4\pi f_4 \Gamma}{3\delta} \left(-R + \frac{\delta}{2} \log \frac{\delta + R}{\delta - R} \right).$$

En prenant la dérivée de cette expression par rapport à δ, nous obtiendrons la valeur de l'attraction exercée par la sphère O sur le point m', quand l'attraction est en raison inverse de la quatrième puissance de la distance; c'est

(119)
$$\frac{4\,\pi f_4\,\Gamma\Gamma'\,R^3}{3\,\delta^2(\delta^2 - R^2)}.$$

Multiplions cette expression par $\cos\widehat{a\delta}$, puis par dm', afin d'avoir un élément de l'action exercée par la sphère O sur la sphère O', laquelle action est dirigée suivant la droite OO'; conservons toujours les notations et la méthode précédentes; nous aurons successivement

$$-\frac{2\pi f_4\,\Gamma\Gamma'\,R^3}{3\,a^2}\int\int\int\frac{(a^2+\delta^2-r^2)\,r\,d\delta\,d\psi\,dr}{\delta^2(\delta^2-R^2)}.$$

$$=\frac{4\pi^2 f_4\,\Gamma\Gamma'\,R^3}{3\,a^2}\int\int\frac{(a^2+\delta^2-r^2)\,r\,d\delta\,dr}{\delta^2(\delta^2-R^2)}$$

$$=\frac{2\pi^2 f_4\,\Gamma\Gamma'}{3\,a^2}\int\left[4\,R\,r^2+(a^2+R^2-r^2)\,r\,\log\frac{a^2-(R+r)^2}{a^2-(R-r)^2}\right]dr$$

(120)
$$=\frac{\pi^2 f_4\,\Gamma\Gamma'}{6\,a^2}\left[4\,RR'(R^2+R'^2-a^2)-(a^4+R^4+R''^4-2a^2R^2-2R^2R''^2-2a^2R'^2)\log\frac{a^2-(R+R')^2}{a^2-(R-R')^2}\right].$$

Cette expression de l'action de deux sphères, due à l'attraction en raison inverse de la quatrième puissance des distances, a, comme les précédentes, toute la symétrie à laquelle on était en droit de s'attendre.

Cas de $n=5$. — Nous trouverons successivement, en employant toujours la même méthode et les mêmes notations,

$$\frac{f_5}{4}\int\int\int\frac{dm}{r^4}=\frac{\pi f_5\,\Gamma}{2}\int\int\frac{r^2\cos\varphi\,d\varphi\,dr}{(\delta^2+r^2-2\delta r\sin\varphi)^2}$$

$$=\frac{\pi f_5\,\Gamma}{4\,\delta}\int\left[\frac{1}{(\delta-r)^2}-\frac{1}{(\delta+r)^2}\right]r\,dr$$

$$=\frac{\pi f_5\,\Gamma}{4\,\delta}\log\frac{\delta+R}{\delta-R}-\frac{\pi f_5\,\Gamma}{2}\frac{R}{\delta^2-R^2}.$$

Dérivons cette quantité par rapport à δ; nous aurons pour la valeur de l'attraction d'une sphère sur un point matériel de masse égale à l'unité

(121)
$$-\frac{\pi f_5\,\Gamma}{4\,\delta^2}\log\frac{\delta+R}{\delta-R}+\frac{\pi f_5\,\Gamma\,R(\delta^2+R^2)}{2\,\delta(\delta^2-R^2)^2}.$$

Multiplions cette expression par $\cos\widehat{a\delta}\,dm'$, et faisons les intégrations;

18

nous aurons successivement

$$-\frac{\pi f_s \Gamma\Gamma'}{8a^2}\int\int\int\left[\frac{(a^2+\delta^2-r^2)r\,d\psi\,d\delta\,dr}{\delta^2}\log\frac{\delta+R}{\delta-R}-\frac{2R(\delta^2+R^2)(a^2+\delta^2-R^2)r\,d\psi\,d\delta\,dr}{\delta(\delta^2-R^2)^2}\right]$$

$$=-\frac{\pi^2 f_s \Gamma\Gamma'}{4a^2}\int\int\left[\frac{(a^2+\delta^2-r^2)r\,d\delta\,dr}{\delta^2}\log\frac{\delta+R}{\delta-R}-\frac{2R(\delta^2+R^2)(a^2+\delta^2-r^2)r\,d\delta\,dr}{\delta(\delta^2-R^2)^2}\right]$$

$$=-\frac{\pi^2 f_s \Gamma\Gamma'}{2a^2}\int\left[\log\frac{(a+R)^2-r^2}{(a-R)^2-r^2}-4aR\frac{a^2+R^2-r^2}{[(a+R)^2-R^2][(a-R)^2-R^2]}\right]r^2\,dr$$

$$(122)\qquad =-\frac{\pi^2 f_s \Gamma\Gamma'}{6a^2}\left[4aRR'+R'^3\log\frac{(a+R)^2-R'^2}{(a-R)^2-R'^2}+R^3\log\frac{(a+R')^2-R^2}{(a-R')^2-R^2}+a^3\log\frac{a^2-(R+R')^2}{a^2-(R-R')^2}\right].$$

La formule (122), symétrique comme les précédentes, est l'expression de l'action d'une sphère homogène sur une autre quand l'attraction s'exerce en raison inverse de la cinquième puissance de la distance.

48. Examinons maintenant ce que l'expérience peut nous enseigner sur les grandeurs des quantités f_2, f_3, f_4, f_5, et commençons par les effets qui ont lieu à la surface de la terre aux distances successives de 1 mètre et de 10 mètres, entre lesquelles on peut admettre qu'ont été faites toutes les mesures essayées de la gravitation terrestre. Nous avons à prendre, pour ces deux distances, les rapports successifs de (117), (119) et (121) à (114). Dans ce but, représentons δ par $R+\varepsilon$, et comme ε est très-petit par rapport au rayon terrestre, négligeons $\frac{\varepsilon}{R}$ à côté de 1; nous trouverons successivement ainsi les rapports suivants :

$$\frac{3}{4}\frac{f_3}{f_2}\frac{\log\frac{2R}{\varepsilon}-1}{R},\quad \frac{f_4}{2f_2 R\varepsilon},\quad \frac{3f_5}{16 f_2 R\varepsilon^2}.$$

Or, dans les limites entre lesquelles on a mesuré la gravitation terrestre, on l'a trouvée égale à $9^m,8088$ à $0^m,0001$ près; il faut donc que l'erreur de la détermination soit inférieure à $\frac{1}{98\,088}$, ou, en nombres ronds, $\frac{1}{98\,000}$. Si les attractions en raison inverse du cube de la distance existaient, leur valeur augmenterait la pesanteur terrestre dans le rapport de

$$\frac{3}{4}\frac{f_3}{f_2}\frac{\log 2R-1}{R}$$

à la distance de 1 mètre, et dans le rapport de

$$\frac{3}{4}\frac{f_3}{f_2}\frac{\log 2\mathrm{R} - \log 10 - 1}{\mathrm{R}}$$

à la distance de 10 mètres. On trouverait donc entre les valeurs de la pesanteur terrestre mesurée à 1 mètre de distance et celle mesurée à 10 mètres une différence due à l'attraction en raison inverse du cube de la distance qui serait la différence des deux rapports précédents, soit $\frac{3}{4}\frac{f_3}{f_2}\frac{\log 10}{\mathrm{R}}$, et, pour que cette différence nous échappe, il faut qu'elle soit inférieure ou au plus égale à $\frac{1}{98\,000}$; d'où l'on trouve, pour la limite supérieure de f_3,

$$\frac{3}{4}\frac{f_3}{f_2}\log 10 = \frac{\mathrm{R}}{98\,000};$$

partant, en effectuant les calculs et se rappelant que $\log 10$ est un logarithme népérien,

$$(123) \qquad\qquad f_3 = 37{,}616\ldots f_2.$$

Nous avons pris ici le rayon moyen terrestre $\mathrm{R} = 6\,366\,198$ mètres, valeur donnée dans l'*Annuaire du Bureau des longitudes* pour 1866, p. 68.

En raisonnant de même pour le rapport $\frac{f_4}{f_2}$, nous trouverons, tout calcul fait,

$$(124) \qquad\qquad f_4 = 144{,}358\ldots f_2,$$

et pour le rapport $\frac{f_5}{f_2}$,

$$(125) \qquad\qquad f_5 = 440{,}572\, f_2.$$

Ces limites sont peu resserrées; ainsi les mesures de la pesanteur effectuées dans le voisinage de la terre ne jettent pas beaucoup de lumière sur les grandeurs de f_3, f_4, f_5, relativement à f_2; il est évident qu'il y aurait encore moins de précision pour les attractions en raison inverse de plus grandes puissances de la distance. Toutefois on peut dès à présent conclure que l'attraction en raison inverse du cube de la dis-

18.

tance ne peut, pas plus que l'attraction en raison inverse du carré de la distance, jouer un rôle dans les phénomènes moléculaires; car f_3 devrait, pour que ce rôle fût possible, être de l'ordre h^{-1} par rapport à f_2, et il n'est pas 38 fois plus grand.

Les attractions planétaires laissent subsister autant d'indécision dans la question; nous allons le voir en comparant les attractions de la lune à la pesanteur à la surface de notre globe. Nous chercherons, à cet effet, les rapports des expressions (118), (120) et (122) à (116), et nous écrirons qu'ils sont tous inférieurs à la limite d'erreur, savoir : $\frac{1}{98\,000}$. Les rapports dont il s'agit sont

$$(126)\begin{cases} \frac{3f_3}{80f_2\,\mathrm{R}^3\,\mathrm{R}'^3}\Big\{ [a^5 - 5a^3(\mathrm{R}^2 + \mathrm{R}'^2)]\log\frac{a^2-(\mathrm{R}-\mathrm{R}')^2}{a^2-(\mathrm{R}+\mathrm{R}')^2} \\[2mm] + [\mathrm{R}^5 - 5\mathrm{R}^3(a^2 + \mathrm{R}'^2)]\log\frac{(a-\mathrm{R}')^2-\mathrm{R}^2}{(a+\mathrm{R}')^2-\mathrm{R}^2} \\[2mm] + [\mathrm{R}'^5 - 5\mathrm{R}'^3(a^2 + \mathrm{R}^2)]\log\frac{(a-\mathrm{R})^2-\mathrm{R}'^2}{(a+\mathrm{R})^2-\mathrm{R}'^2} \\[2mm] - 4a\mathrm{R}\mathrm{R}'(a^2 + \mathrm{R}^2 + \mathrm{R}'^2)\Big\}, \end{cases}$$

$$(127)\begin{cases} \frac{3f_4}{2f_2\,\mathrm{R}^3\mathrm{R}'^3}\Big[4\mathrm{R}\mathrm{R}'(\mathrm{R}^2 + \mathrm{R}'^2 - a^2) \\[2mm] + (a^4 + \mathrm{R}^4 + \mathrm{R}'^4 - 2a^2\mathrm{R}^2 - 2a^2\mathrm{R}'^2 - 2\mathrm{R}^2\mathrm{R}'^2)\log\frac{a^2-(\mathrm{R}-\mathrm{R}')^2}{a^2-(\mathrm{R}+\mathrm{R}')^2}\Big], \end{cases}$$

$$(128)\begin{cases} \frac{3f_4}{32f_2\,\mathrm{R}^3\mathrm{R}'^3}\Big[4a\mathrm{R}\mathrm{R}' + \mathrm{R}'^3\log\frac{(a+\mathrm{R})^2-\mathrm{R}'^2}{(a-\mathrm{R})^2-\mathrm{R}'^2} \\[2mm] + \mathrm{R}^3\log\frac{(a+\mathrm{R}')^2-\mathrm{R}^2}{(a-\mathrm{R}')^2-\mathrm{R}^2} + a^3\log\frac{a^2-(\mathrm{R}+\mathrm{R}')^2}{a^2-(\mathrm{R}-\mathrm{R}')^2}\Big]. \end{cases}$$

Afin de réduire ces rapports en nombres, prenons comme ci-dessus dans l'*Annuaire du Bureau des longitudes* pour 1866 les différentes données qui y sont contenues; nous aurons

le rayon terrestre, $\quad\quad\quad$ R $= 6\,366\,198^m$, page 68,
le rayon de la lune, $\quad\quad\quad$ R$' = 0,273$ R $= 1737\,972^m$, page 55,
la distance des centres, $\quad$ $a = 96\,088$ lieues $= 384\,352\,000^m$, page 71.

Substituons ces données dans les rapports ci-dessus et effectuons les calculs, nous trouverons, abstraction faite des signes,

$$0, 00000\,47o55\,\ldots\frac{f_3}{f_2},$$

$$0, 00000\,00000\,00027\,937\ldots\frac{f_4}{f_2},$$

$$0, 00000\,00000\,00000\,00000\,00070\,638\ldots\frac{f_5}{f_2}.$$

Établissons présentement que ces rapports sont inférieurs à $\frac{1}{98\,000}$, nous arriverons aux inégalités suivantes :

(129)
$$\begin{cases} f_3 < 2,3\ldots f_2, \\ f_4 < 3649\,25oo\,f_2, \\ f_5 < 1443\,26400\,00000\,00000\,f_2 ; \end{cases}$$

c'est-à-dire que les attractions planétaires assignent une limite bien plus resserrée que la précédente à l'attraction en raison inverse du cube de la distance, et confirment ce que nous avons déjà dit de celle-ci, mais qu'elles en assignent aux autres de tellement larges, qu'elles ne peuvent avoir aucune utilité au point de vue de nos recherches.

49. Le Conseil d'instruction de l'École Polytechnique a publié, dans le tome X (XVIIe cahier) du Journal de l'École, la traduction, faite par M. Chompré, d'un Mémoire de Cavendish sur des expériences instituées pour mesurer directement la densité terrestre. L'appareil, imaginé par John Michell et perfectionné par Cavendish, consistait en une balance de torsion très-sensible, à l'extrémité des bras rigides de laquelle on avait suspendu des balles de plomb de $0^m,o51$ de diamètre. Deux sphères de plomb, de $0^m,2o3$ de diamètre, étaient fixées aux extrémités d'une barre horizontale de même longueur et de même axe de rotation que le fléau de la balance de torsion, de manière à permettre de placer simultanément, à des distances fixes parfaitement déterminées d'avance, et de façon à les faire agir dans le même sens, les deux sphères déviatrices. Suivant la position donnée à celles-ci, la balance de torsion se déplaçait, mais n'atteignait le repos qu'au bout d'une série très-prolongée d'oscillations autour de la nouvelle position d'équilibre.

Comme ces oscillations diminuaient rapidement dans le principe, à cause de la résistance de l'air et de la résistance à la torsion; comme en outre elles étaient sujettes à beaucoup d'actions perturbatrices capables d'influer sur le résultat final, Cavendish ne considérait que les premières oscillations et il en déduisait, avec le plus de précision possible, la mesure de l'effet exercé par les sphères : en comparant cet effort à la pesanteur, il en déduisait la densité de la terre. Il varia les distances et les conditions d'expérimentation, et obtint toujours des valeurs assez concordantes pour la densité de la terre, en supposant l'attraction en raison inverse du carré des distances; d'où il se crut fondé à conclure que, jusqu'aux plus petites distances auxquelles il a pu opérer, la loi de l'attraction est bien la raison inverse du carré des distances. Mais cette conclusion est trop absolue. La seule qu'il eût pu tirer légitimement de ses expériences est qu'aux plus petites distances où il les a faites, toute attraction différente de la gravitation en raison inverse du carré des distances est, si elle existe, inférieure à la limite des erreurs d'expérience. Or, en nous bornant aux attractions des sphères les plus rapprochées qui sont, principalement aux petites distances, très-grandes relativement aux attractions des sphères placées aux extrémités opposées des fléaux, et ont d'ailleurs leurs actions dans un rapport sensiblement le même, attendu la petitesse, relativement à la longueur du fléau, des divers écarts des sphères les plus rapprochées, nous aurons à comparer les expressions (116), (118), (120) et (122), c'est-à-dire à calculer les rapports (126), (127) et (128) en y substituant les données particulières à la question.

La limite d'erreur absolue des expériences de Cavendish est $\frac{1}{14}$, ainsi qu'on peut s'en convaincre en comparant la densité moyenne qu'il trouve aux différentes densités résultant des expériences partielles. On doit en conclure que les rapports (126), (127) et (128) sont inférieurs à $\frac{1}{14}$; nous avons ensuite les rayons des sphères donnés par les relations suivantes :

$$2R = 0,203, \quad 2R' = 0,051;$$

enfin la moindre distance à laquelle le géomètre anglais a opéré semble avoir été 0^m,18084. Je dis *semble*, car l'exposition de Cavendish est un peu confuse, au moins dans la traduction, et je puis m'être trompé dans l'interprétation des mesures, malgré le soin que j'ai mis à m'en rendre compte. Posons toutefois

$$a = 0^m,18084;$$

substituons toutes ces données dans les rapports (126), (127) et (128), et écrivons qu'ils sont $< \frac{1}{14}$; nous trouverons

(130)
$$\begin{cases} f_3 < 0,00514\,027\ldots f_2, \\ f_4 < 0,00027\,457\ldots f_2; \\ f_5 < 0,00017\,138\ldots f_2. \end{cases}$$

Bien autrement resserrées que les précédentes, ces limites confirment nos conclusions sur la nullité, dans les phénomènes naturels, de l'attraction en raison inverse du cube de la distance, si par hasard cette attraction existe : ce qui est peu probable, attendu qu'elle constituerait un rouage inutile. En tout cas, nous n'avons pas à nous en occuper. La même conclusion est inapplicable aux attractions en raison inverse de la quatrième puissance de la distance, et, à plus forte raison, des puissances supérieures; car nous avons vu qu'il suffirait que f_4 fût du même ordre que f_2, et la limite que nous avons obtenue $\left(\frac{1}{200}\right)$ ne l'exclut pas de cet ordre. Quant aux valeurs de f pour les puissances supérieures, elles doivent être d'ordres h, h^2, h^3, ..., et, partant, bien inférieures aux limites assignées pour f_5. A la distance h, les deux attractions en raison inverse du carré et du bi-carré de la distance étant $\frac{f_2}{h^2}$ et $\frac{f_4}{h^4}$, sont entre elles dans le rapport de $\frac{f_4}{h^4} : \frac{f_2}{h^2} :: \frac{f_4}{f_2 h^2} : 1$. Remplaçant $\frac{f_4}{f_2}$ par la limite ci-dessus de ce rapport, soit par 0,00027, et h par $0^m,000001$, distance au moins égale à une distance moléculaire, nous aurons

$$\frac{f_4}{h^4} : \frac{f_2}{h^2} :: 270\,000\,000 : 1,$$

c'est-à-dire que nous trouverions encore une attraction moléculaire tellement supérieure à la gravitation, qu'elle en est invraisemblable.

Nous pouvons donc, jusqu'à présent, admettre que les actions moléculaires sont dues à une attraction en raison inverse de la quatrième puissance de la distance, ou à des attractions en raison inverse de puissances supérieures, ou peut-être à une combinaison de plusieurs de ces attractions. Toutefois, comme f_4, ou plutôt $\omega^2 f_4$, car c'est à proprement parler de cette quantité que nous avons obtenu une limite supérieure, est très-petit relativement à f_2, qu'il en est *à fortiori* de même pour les attractions d'une puissance $n > 4$ de la distance, la valeur Λ (110) est toujours négligeable par rapport à Θ, et la somme des composantes des attractions parallèlement à l'axe u est, en réalité, donnée par la formule (111), où nous avions d'abord présenté Θ comme une simple correction, tandis que dans les actions moléculaires il intervient seul.

50. Il nous semble utile de faire ressortir ici un résultat des calculs précédents, quoique au premier coup d'œil il puisse paraître un hors-d'œuvre étranger à la question des actions moléculaires. Le voici.

On sait que certaines actions planétaires, révélées par l'expérience, telles que l'accélération du mouvement de la lune et les mouvements de certaines comètes à leur périhélie, ont paru difficiles à expliquer par les seules attractions en raison inverse du carré des distances, ou par des causes en provenant immédiatement à titre d'effets secondaires. Des astronomes ont, à diverses reprises, mais sans succès, tenté d'expliquer ces anomalies par une attraction en raison inverse d'une puissance de la distance plus grande que le carré. Eh bien, ce qui précède démontre que ces tentatives ne devaient pas aboutir. En effet, les expériences de Cavendish prouvent péremptoirement que, s'il existe des attractions en raison inverse des puissances des distances comprises entre 2 et 4, ces attractions sont tellement petites, même à l'unité de distance, qu'elles sont insensibles; et ces attractions, si elles existaient en raison inverse d'une puissance $n > 4$, ne peuvent être sensibles à une distance finie, car, autrement, elles constitueraient des actions moléculaires énormes et hors de toute proportion avec la réalité.

Ce résultat indéniable des calculs précédents nous paraît digne de fixer l'attention des géomètres et aussi celle des physiciens expérimentateurs, trop portés, comme le P. Secchi, à nier l'utilité de la théorie comme procédé d'exploration.

§ VIII. — Équations de l'équilibre et du mouvement. — Conséquences. — Considérations générales.

51. Quand nous avons considéré les attractions exercées sur un point M, nous n'avons envisagé que celles des points situés d'un côté du même plan, du plan γ par exemple, parce que celles des points situés de l'autre côté leur étaient égales et contraires, et, par conséquent, se détruisaient. Mais il n'en est pas tout à fait ainsi en réalité ; les points ne sont pas situés sur une ligne exactement droite, ni à des intervalles rigoureusement égaux ; ils sont disposés suivant une ligne courbe, sensiblement rectiligne sur une très-petite longueur, et à des intervalles différant entre eux par des quantités d'un ordre inférieur à celui de ces intervalles. Ces quantités mêmes ne sont égales entre elles qu'à des quantités près d'un ordre inférieur. Partant, d'un côté les points sont plus resserrés, et de l'autre, plus écartés que nous ne l'avons supposé ; il en résulte des différences dans les grandeurs des composantes des actions ; si on développe ces différences par la formule de Taylor, et si on néglige toutes les quantités d'un ordre inférieur au second, on verra qu'on pourra les représenter par les expressions générales

$$(131) \quad \begin{cases} \omega^2 \mu^2 f_n \left[\dfrac{\Delta^2 x}{r^{n+1}} - \dfrac{(n+1)\Delta x \, \Delta r}{r^{n+2}} \right], & \text{parallèlement à l'axe des } x, \\[2ex] \omega^2 \mu^2 f_n \left[\dfrac{\Delta^2 y}{r^{n+1}} - \dfrac{(n+1)\Delta y \, \Delta r}{r^{n+2}} \right], & \text{parallèlement à l'axe des } y, \\[2ex] \omega^2 \mu^2 f_n \left[\dfrac{\Delta^2 z}{r^{n+1}} - \dfrac{(n+1)\Delta z \, \Delta r}{r^{n+2}} \right], & \text{parallèlement à l'axe des } z. \end{cases}$$

Il nous faudra sommer ces différences, et nous pourrons employer dans ce but les méthodes exposées au § VI ; mais nous choisirons la seconde, dite *directe*, quoique les calculs n'en puissent pas être effectués complétement, parce qu'elle nous conduira aux résultats les plus positifs. Soit i le nombre de fois que r_i (nous reprenons les notations du n° 40) est portée sur la ligne $(\theta, \theta', \theta'')$ à partir de M ; il est évident que les composantes de l'attraction correspondant à cette longueur ir auront les valeurs (131) en plus d'un côté du plan de séparation, en moins de l'autre; donc les sommes des deux composantes, qui sont nulles dans leurs parties finies, puisque celles-ci sont égales et contraires, se réduiront au double de l'un des accroissements (131); car ceux-ci agissent dans le même sens, l'un augmentant la composante positive, l'autre diminuant la composante négative. Nous devons donc sommer les doubles des quantités (131) en nous tenant strictement à un seul côté du point M pour chaque droite qui y passe; c'est ce que nous allons faire.

Reprenons, ainsi que nous l'avons déjà dit, les données du n° 40. θ, θ', θ'' sont des quantités dépendant de la ligne de points sensiblement droite que l'on choisit. On peut les appeler les *caractéristiques*, et elles ne varient que d'un point de cette ligne à un autre. Il en est de même de h, k, l qui sont les côtés du parallélipipède élémentaire fondamental primitif; mais cela n'est plus vrai pour x, y, z, partant pour Δx, Δy, Δz, dont les accroissements du second ordre ont été déjà donnés dans les formules (18), qui s'appliquent au cas présent, où l'on reste sur la même ligne. Nous y renverrons pour les expressions de $\Delta^2 x$, $\Delta^2 y$, $\Delta^2 z$, en observant que, pour les points correspondants à un nombre i de fois r, on a, par les notations du n° 40,

$$\Delta\alpha = i\theta, \quad \Delta\beta = i\theta', \quad \Delta\gamma = i\theta'',$$

et qu'on peut conséquemment donner aux relations (18) les formes suivantes :

$$(132)\begin{cases} \Delta^2 x = i^2\left(\dfrac{d^2 f}{d\alpha h^2}\theta^2 h^2 + \dfrac{d^2 f}{d\beta k^2}\theta'^2 k^2 + \dfrac{d^2 f}{d\gamma l^2}\theta''^2 l^2 \right. \\ \qquad\qquad \left. + 2\dfrac{d^2 f}{d\alpha h\, d\beta k}\theta\theta' hk + 2\dfrac{d^2 f}{d\beta k\, d\gamma l}\theta'\theta'' kl + 2\dfrac{d^2 f}{d\gamma l\, d\alpha h}\theta''\theta\, lh \right), \\[4pt] \Delta^2 y = i^2\left(\dfrac{d^2 f_1}{d\alpha h^2}\theta^2 h^2 + \dfrac{d^2 f_1}{d\beta k^2}\theta'^2 k^2 + \dfrac{d^2 f_1}{d\gamma l^2}\theta''^2 l^2 \right. \\ \qquad\qquad \left. + 2\dfrac{d^2 f_1}{d\alpha h\, d\beta k}\theta\theta' hk + 2\dfrac{d^2 f_1}{d\beta k\, d\gamma l}\theta'\theta'' kl + 2\dfrac{d^2 f_1}{d\gamma l\, d\alpha h}\theta''\theta\, lh \right), \\[4pt] \Delta^2 z = i^2\left(\dfrac{d^2 f_2}{d\alpha h^2}\theta^2 h^2 + \dfrac{d^2 f_2}{d\beta k^2}\theta'^2 k^2 + \dfrac{d^2 f_2}{d\gamma l^2}\theta''^2 l^2 \right. \\ \qquad\qquad \left. + 2\dfrac{d^2 f_2}{d\alpha h\, d\beta k}\theta\theta' hk + 2\dfrac{d^2 f_2}{d\beta k\, d\gamma l}\theta'\theta'' kl + 2\dfrac{d^2 f_2}{d\gamma l\, d\alpha h}\theta''\theta\, lh \right). \end{cases}$$

De même, en remontant à la formule (91), et observant que $\alpha' - \alpha$, $\beta' - \beta$, $\gamma' - \gamma$ y représentent respectivement $i\theta$, $i\theta'$, $i\theta''$, nous trouverons que la différence de cette équation, divisée par 2, peut être mise sous la forme

$$
\begin{aligned}
(133)\quad r\Delta r = i^3 \Bigg\{ &\ \theta^2 h^2 \sum \frac{df}{d\alpha h}\left(\frac{d^2 f}{d\overline{\alpha h}^2}\theta h + \frac{d^2 f}{d\alpha h\, d\beta k}\theta' k + \frac{d^2 f}{d\gamma l\, d\alpha h}\theta'' l\right) \\
&+ \theta'^2 k^2 \sum \frac{df}{d\beta k}\left(\frac{d^2 f}{d\alpha h\, d\beta k}\theta h + \frac{d^2 f}{d\overline{\beta k}^2}\theta' k + \frac{d^2 f}{d\beta k\, d\gamma l}\theta'' l\right) \\
&+ \theta''^2 l^2 \sum \frac{df}{d\gamma l}\left(\frac{d^2 f}{d\gamma l\, d\alpha h}\theta h + \frac{d^2 f}{d\beta k\, d\gamma l}\theta' k + \frac{d^2 f}{d\overline{\gamma l}^2}\theta'' l\right) \\
&+ \theta\theta' hk\left[\sum \frac{df}{d\alpha h}\left(\frac{d^2 f}{d\alpha h\, d\beta k}\theta h + \frac{d^2 f}{d\overline{\beta k}^2}\theta' k + \frac{d^2 f}{d\beta k\, d\gamma l}\theta'' l\right)\right. \\
&\qquad\qquad \left.+ \sum \frac{df}{d\beta h}\left(\frac{d^2 f}{d\overline{\alpha h}^2}\theta h + \frac{d^2 f}{d\alpha h\, d\beta k}\theta' k + \frac{d^2 f}{d\gamma l\, d\alpha h}\theta'' l\right)\right] \\
&+ \theta'\theta'' kl\left[\sum \frac{df}{d\beta k}\left(\frac{d^2 f}{d\gamma l\, d\alpha h}\theta h + \frac{d^2 f}{d\beta k\, d\gamma l}\theta' k + \frac{d^2 f}{d\overline{\gamma l}^2}\theta'' l\right)\right. \\
&\qquad\qquad \left.+ \sum \frac{df}{d\gamma l}\left(\frac{d^2 f}{d\alpha h\, d\beta k}\theta h + \frac{d^2 f}{d\overline{\beta k}^2}\theta' k + \frac{d^2 f}{d\beta k\, d\gamma l}\theta'' l\right)\right] \\
&+ \theta''\theta\, lh\left[\sum \frac{df}{d\gamma l}\left(\frac{d^2 f}{d\overline{\alpha h}^2}\theta h + \frac{d^2 f}{d\alpha h\, d\beta k}\theta' k + \frac{d^2 f}{d\gamma l\, d\alpha h}\theta'' l\right)\right. \\
&\qquad\qquad \left.\left.+ \sum \frac{df}{d\alpha h}\left(\frac{d^2 f}{d\gamma l\, d\alpha h}\theta h + \frac{d^2 f}{d\beta k\, d\gamma l}\theta' k + \frac{d^2 f}{d\overline{\gamma l}^2}\theta'' l\right)\right]\right\}.
\end{aligned}
$$

Par conséquent, si l'on représente par x_i, y_i, z_i les coordonnées de l'extrémité M_i de $MM_i = r_i$ (95), on pourra mettre les sommes des valeurs (131) sous la forme

$$
2\omega^2\mu^2 f_n \,\mathrm{S}\,\frac{1}{i^{n-1}}\left[\frac{\Delta^2 x_i}{r_i^{n+1}} - \frac{(n+1)\Delta x_i\,\Delta r_i}{r_i^{n+2}}\right],
$$

$$
2\omega^2\mu^2 f_n \,\mathrm{S}\,\frac{1}{i^{n-1}}\left[\frac{\Delta^2 y_i}{r_i^{n+1}} - \frac{(n+1)\Delta y_i\,\Delta r_i}{r_i^{n+2}}\right],
$$

$$
2\omega^2\mu^2 f_n \,\mathrm{S}\,\frac{1}{i^{n-1}}\left[\frac{\Delta^2 z_i}{r_i^{n+1}} - \frac{(n+1)\Delta z_i\,\Delta r_i}{r_i^{n+2}}\right].
$$

19.

Si on applique à ces expressions les raisonnements du n° 40, on verra qu'on peut facilement les ramener aux formes suivantes :

$$(134) \quad \begin{cases} 2\,\omega^2\mu^2 f_n\; \mathbf{S}\dfrac{1}{\varpi^{n-1}}\;\mathbf{S}\left[\dfrac{\Delta^2 x_1}{r_1^{n+1}} - \dfrac{(n+1)\Delta x_1\,\Delta r_1}{r_1^{n+2}}\right], \\[2mm] 2\,\omega^2\mu^2 f_n\; \mathbf{S}\dfrac{1}{\varpi^{n-1}}\;\mathbf{S}\left[\dfrac{\Delta^2 y_1}{r_1^{n+1}} - \dfrac{(n+1)\Delta y_1\,\Delta r_1}{r_1^{n+2}}\right], \\[2mm] 2\,\omega^2\mu^2 f_n\; \mathbf{S}\dfrac{1}{\varpi^{n-1}}\;\mathbf{S}\left[\dfrac{\Delta^2 z_1}{r_1^{n+1}} - \dfrac{(n+1)\Delta z_1\,\Delta r_1}{r_1^{n+2}}\right]. \end{cases}$$

Les formules (134) donnent lieu à une remarque importante qui trouve naturellement ici sa place.

Nous avons pu dire, au n° 40, que, dans l'évaluation de l'expression (96), on devait, si l'on prend pour surface de partage du corps au point M (supposé momentanément l'origine des coordonnées) la surface $\gamma = 0$, donner à θ et θ' toutes les valeurs entières positives ou négatives depuis $-\infty$ jusqu'à $+\infty$, sous la seule réserve que θ, θ', θ'' n'aient pas de facteur commun, mais que θ'' devait être seulement l'un des nombres entiers de 1 à ∞, pris toujours avec le signe $+$. En effet, toutes les attractions situées dans la surface $\theta'' = 0$ se détruisent deux à deux. Mais ceci n'a plus lieu dans la sommation totale des différences premières d'attractions ; ces dernières varient dans la surface $\theta'' = 0$ comme dans les autres directions, et il faut tenir compte de ces variations ; de sorte que si l'on veut représenter réellement la somme totale par les expressions (134), il faut admettre $\theta'' > 0$ dans toutes les expressions où il existe ; $\theta > 0$ dans toutes les expressions où $\theta'' = 0$, sans que θ soit nul, et $\theta' = 1$ quand θ'' et θ sont nuls. Cette convention est nécessaire à l'exactitude des calculs et ne doit pas être oubliée.

Rien de plus facile à présent que de conclure les équations de l'équilibre et du mouvement d'un corps homogène. Soient μX, μY, μZ les composantes de la force accélératrice autre que l'attraction en raison inverse de la $n^{ième}$ puissance de la distance, appliquée en M, $\dfrac{d^2 x}{dt^2}\,dt$, $\dfrac{d^2 y}{dt^2}\,dt$, $\dfrac{d^2 z}{dt^2}\,dt$ les accélérations de vitesse ; rappelons-nous l'équation de condition (65), et prenons-en la variation qui donnera

$$(135)\quad \Phi\left(\frac{d\Gamma}{dx}\,\delta x + \frac{d\Gamma}{dy}\,\delta y + \frac{d\Gamma}{dz}\,\delta z\right) + \Gamma\left(\frac{d\Phi}{dx}\,\delta x + \frac{d\Phi}{dy}\,\delta y + \frac{d\Phi}{dz}\,\delta z\right) = 0,$$

en posant, pour abréger,

$$(136) \begin{cases} \Phi = \dfrac{df}{d\alpha h}\dfrac{df_1}{d\beta k}\dfrac{df_2}{d\gamma l} - \dfrac{df}{d\alpha h}\dfrac{df_1}{d\gamma l}\dfrac{df_2}{d\beta k} + \dfrac{df}{d\gamma l}\dfrac{df_1}{d\alpha h}\dfrac{df_2}{d\beta k} \\[2mm] \quad - \dfrac{df}{d\gamma l}\dfrac{df_1}{d\beta k}\dfrac{df_2}{d\alpha h} + \dfrac{df}{d\beta k}\dfrac{df_1}{d\gamma l}\dfrac{df_2}{d\alpha h} - \dfrac{df}{d\beta k}\dfrac{df_1}{d\alpha h}\dfrac{df_2}{d\gamma l}. \end{cases}$$

Substituons maintenant ces diverses données dans la formule des vitesses virtuelles avec les multiplicateurs donnée par Lagrange dans sa *Mécanique analytique* (3ᵉ édit., t. Iᵉʳ, p. 70); nous aurons

$$\mu\left(X - \frac{d^2 x}{dt^2}\right)\delta x + \mu\left(Y - \frac{d^2 y}{dt^2}\right)\delta y + \mu\left(Z - \frac{d^2 z}{dt^2}\right)\delta z$$

$$- 2\omega^2\mu^2 f_n\, S\,\frac{1}{\varpi^{n-1}}\, S\left[\frac{\Delta x_1}{r_1^{n+1}} - \frac{(n+1)\Delta x_1\,\Delta r_1}{r_1^{n+2}}\right]\delta x$$

$$- 2\omega^2\mu^2 f_n\, S\,\frac{1}{\varpi^{n-1}}\, S\left[\frac{\Delta y_1}{r_1^{n+1}} - \frac{(n+1)\Delta y_1\,\Delta r_1}{r_1^{n+2}}\right]\delta y$$

$$- 2\omega^2\mu^2 f_n\, S\,\frac{1}{\varpi^{n-1}}\, S\left[\frac{\Delta z_1}{r_1^{n+1}} - \frac{(n+1)\Delta z_1\,\Delta r_1}{r_1^{n+2}}\right]\delta z$$

$$+ \lambda\mu\Phi\left(\frac{d\Gamma}{dx}\delta x + \frac{d\Gamma}{dy}\delta y + \frac{d\Gamma}{dz}\delta z\right) + \lambda\mu\Gamma\left(\frac{d\Phi}{dx}\delta x + \frac{d\Phi}{dy}\delta y + \frac{d\Phi}{dz}\delta z\right) = 0.$$

Nous avons pris ici pour multiplicateur indéterminé $\lambda\mu$ au lieu de λ, afin de rendre tous les termes homogènes; nous avons écrit également les différences d'attraction en raison inverse de la $n^{\text{ième}}$ puissance avec le signe —, parce qu'elles doivent s'opposer à la désagrégation du corps dont les forces $X - \frac{d^2 x}{dt^2}$, ..., tendent à déplacer les molécules.

Cela posé, l'équation ci-dessus se partage en trois autres, à cause de l'indépendance de δx, δy, δz, savoir :

$$(137) \begin{cases} X - \dfrac{d^2 x}{dt^2} - 2\omega^2\mu^2 f_n\, S\,\dfrac{1}{\varpi^{n-1}}\, S\left[\dfrac{\Delta^2 x_1}{r_1^{n+1}} - \dfrac{(n+1)\Delta x_1\,\Delta r_1}{r_1^{n+2}}\right] + \lambda\left(\Phi\dfrac{d\Gamma}{dx} + \Gamma\dfrac{d\Phi}{dx}\right) = 0, \\[3mm] Y - \dfrac{d^2 y}{dt^2} - 2\omega^2\mu^2 f_n\, S\,\dfrac{1}{\varpi^{n-1}}\, S\left[\dfrac{\Delta^2 y_1}{r_1^{n+1}} - \dfrac{(n+1)\Delta y_1\,\Delta r_1}{r_1^{n+2}}\right] + \lambda\left(\Phi\dfrac{d\Gamma}{dy} + \Gamma\dfrac{d\Phi}{dy}\right) = 0, \\[3mm] Z - \dfrac{d^2 z}{dt^2} - 2\omega^2\mu^2 f_n\, S\,\dfrac{1}{\varpi^{n-1}}\, S\left[\dfrac{\Delta^2 z_1}{r_1^{n+1}} - \dfrac{(n+1)\Delta z_1\,\Delta r_1}{r^{n+2}}\right] + \lambda\left(\Phi\dfrac{d\Gamma}{dz} + \Gamma\dfrac{d\Phi}{dz}\right) = 0. \end{cases}$$

Le quatrième terme de ces équations représente une résistance qui est

une conséquence directe et nécessaire de l'existence de la matière. C'est
une conséquence que nous avons déjà signalée plusieurs fois.

52. Les quantités $S\left[\dfrac{\Delta^{2}x_{\iota}}{r_{\iota}^{n+1}} - \dfrac{(n+1)\Delta y_{\iota}\Delta r_{\iota}}{r_{\iota}^{n+2}}\right], \ldots,$ du numéro précédent dépendent uniquement du sens où croissent les intervalles de mo-
lécules, et sont par conséquent les mêmes quelle que soit celle des surfaces α, β, γ qu'on choisit pour partager le corps; en d'autres termes,
quelle que soit celle des trois quantités $\theta, \theta', \theta''$ à laquelle on n'assigne que
des valeurs entières positives, zéro compris. En même temps qu'elles
sont des sommes de différences, il est facile de se rendre compte qu'elles
sont des différences des sommes $S\dfrac{\Delta x_{\iota}}{r_{\iota}^{n+1}}$, $S\dfrac{\Delta y_{\iota}}{r_{\iota}^{n+1}}$, $S\dfrac{\Delta z_{\iota}}{r_{\iota}^{n+1}}$, quelle que
soit la surface de partage adoptée. Cependant, de cette identité des
différences, il ne faut pas conclure l'identité des sommes, si ce n'est
quand ces dernières sont prises d'une manière complète, c'est-à-dire
quand on fait intervenir le coefficient 2, ou, ce qui revient au même,
qu'on prend les différences des deux côtés de la surface de partage. En
effet, $S\dfrac{\Delta x_{\iota}}{r_{\iota}^{n+1}}$, par exemple, prise pour toutes les valeurs positives
ou négatives de θ, θ', θ'', est la même, quelle que soit la surface de
partage, puisqu'elle est nulle pour tous les plans; mais dès qu'on envi-
sage un seul côté du plan, rien ne dit si le $\dfrac{\Delta x_{\iota}}{r_{\iota}^{n+1}}$ correspondant à
$\dfrac{\Delta^{2}x_{\iota}}{r_{\iota}^{n+1}} - \dfrac{(n+1)\Delta x_{\iota}\Delta r_{\iota}}{r_{\iota}^{n+2}}$ est la valeur positive ou la négative, puisqu'on
a pris avec le signe $+$ toutes les dérivées secondes; cette ambiguïté de
signes explique comment la même différence peut correspondre à des
sommes très-inégales. On n'est donc en droit de conclure à l'égalité
des sommes que là où cette ambiguïté de signes cesse, c'est-à-dire pour
un même plan de partage; mais si l'on arrive ainsi à des relations entre
les attractions et les forces élastiques afférentes au même plan, on n'est
en droit de rien conclure relativement aux forces d'attractions sur des
plans différents. Toute restrictive cependant qu'est notre conclusion,
elle nous permet de trancher une question que nous avons déjà indiquée plusieurs fois, savoir : est-il légitime de substituer aux forces attractives directes, envisagées comme nous venons de le faire dans les
équations de l'équilibre et du mouvement, la considération des forces

élastiques proportionnelles aux surfaces d'un parallélipipède élémentaire virtuel? Tel est l'objet de notre examen. Or, il est facile de voir que la réponse doit toujours être positive, en tenant compte des conventions établies dans le numéro précédent. Remontons, en effet, à la formule (100), qui donne la force élastique exercée sur une face de parallélipipède. Nous trouverons que les composantes parallèles aux axes des x, y, z, en sont, pour le parallélipipède élémeutaire fondamental, et une face passant par le point M, respectivement

$$(138) \quad \begin{cases} 2\,\omega^2 \mu^2 f_n\, \mathbf{S}\, \dfrac{1}{\varpi^{n-1}}\ \mathbf{S}\, \dfrac{\Delta x_1}{r_1^{n+1}}, \\[2mm] 2\,\omega^2 \mu^2 f_n\, \mathbf{S}\, \dfrac{1}{\varpi^{n-1}}\ \mathbf{S}\, \dfrac{\Delta y_1}{r_1^{n+1}}, \\[2mm] 2\,\omega^2 \mu^2 f_n\, \mathbf{S}\, \dfrac{1}{\varpi^{n-1}}\ \mathbf{S}\, \dfrac{\Delta z_1}{r_1^{n+1}}, \end{cases}$$

et que sur la face parallèle, ces composantes auront varié des quantités respectives

$$(139) \quad \begin{cases} 2\,\omega^2 \mu^2 f_n\, \mathbf{S}\, \dfrac{1}{\varpi^{n-1}}\ \mathbf{S}\left[\dfrac{\Delta^2 x_1}{r_1^{n+1}} - \dfrac{(n+1)\,\Delta x_1\,\Delta r_1}{r_1^{n+2}}\right], \\[3mm] 2\,\omega^2 \mu^2 f_n\, \mathbf{S}\, \dfrac{1}{\varpi^{n-1}}\ \mathbf{S}\left[\dfrac{\Delta^2 y_1}{r_1^{n+1}} - \dfrac{(n+1)\,\Delta y_1\,\Delta r_1}{r_1^{n+2}}\right], \\[3mm] 2\,\omega^2 \mu^2 f_n\, \mathbf{S}\, \dfrac{1}{\varpi^{n-1}}\ \mathbf{S}\left[\dfrac{\Delta^2 z_1}{r_1^{n+1}} - \dfrac{(n+1)\,\Delta z_1\,\Delta r_1}{r_1^{n+2}}\right]. \end{cases}$$

Ces accroissements ont la forme (134); mais ils en diffèrent en ce qu'ils répondent aux accroissements partiels que prennent $\Delta x, \Delta y, \Delta z$ quand on passe d'une face à l'autre du parallélipipède, tandis que, dans les formules (134), $\Delta^2 x_1$, $\Delta^2 y_1$, $\Delta^2 z_1$ représentent des accroissements complets par rapport aux trois variables α, β, γ. Ainsi, dans (134), on a

$$\Delta^2 x_1 = \frac{d^2 f}{d\,\alpha h^2}\,\theta^2 h^2 + \frac{d^2 f}{d\beta k^2}\,\theta'^2 k^2 + \frac{d^2 f}{d\gamma l^2}\,\theta''^2 l^2$$
$$+ 2\,\frac{d^2 f}{d\alpha h\, d\beta k}\,\theta\theta'\, hk + 2\,\frac{d^2 f}{d\beta k\, d\gamma l}\,\theta'\theta''\, kl + 2\,\frac{d^2 f}{d\gamma l\, d\alpha h}\,\theta''\theta\, lh,$$

tandis que, si on applique les formules (139) aux faces α du parallélipipède élémentaire, on aura seulement

$$\Delta^2 x_{,} = \frac{d^2f}{d\,\alpha h}, \; \theta^2 h^2 + \frac{d^2f}{d\alpha h\,d\beta k} \; \theta\theta'\,hk + \frac{d^2f}{d\gamma l\,d\alpha h} \; \theta''\,\theta\,lh.$$

Encore devons-nous expliquer ici que, si nous prenons

$$\Delta^2 x_{,} = \frac{d^2f}{d\,\alpha h}, \; \theta^2 h^2 + \dots$$

au lieu de

$$\Delta^2 x_{,} = \frac{d^2f}{d\,\alpha h}, \; \theta\,h^2 + \frac{d^2f}{d\alpha h\,d\beta k} \; \theta'\,hk + \frac{d^2f}{d\gamma l\,d\alpha h} \; \theta''\,lh,$$

c'est parce qu'en passant d'une face du parallélipipède à l'autre, nous ne restons plus sur la même ligne, mais que nous passons sur une ligne parallèle située à la distance h, et dans laquelle les projections de $r_{,}$ sont augmentées de la différence seconde $\frac{d^2f}{d\,\alpha h}, \theta\,h^2 + \dots$ répétée autant de fois que h est contenu dans la projection de $r_{,}$, c'est-à-dire θ fois.

Les sommes (139) de différences sont prises, comme les sommes mêmes, pour la surface de partage α, c'est-à-dire qu'on y suppose θ toujours positif, $=1$ ou >1, et θ', θ'' entiers, mais positifs ou négatifs depuis $-\infty$ jusqu'à $+\infty$. On peut y comprendre, sans les changer, les différences des quantités de même nature où $\theta = 0$, puisque ces différences, étant des multiples de θ, deviennent toutes nulles dans le cas particulier de $\theta = 0$, et aux sommes (139) appliquées à la surface α, c'est-à-dire avec l'hypothèse $\theta = 0$ ou > 0, θ' et θ'' quelconques de $-\infty$ à $+\infty$, on peut substituer les sommes des mêmes différences avec l'hypothèse $\theta'' = 0$ ou > 0, et θ, θ' allant de $-\infty$ à $+\infty$. Les motifs qui prouvent la légitimité de cette substitution ont été donnés plus haut.

Maintenant, si nous passons de la face β du parallélipipède élémentaire fondamental à la face parallèle, nous trouverons encore pour les trois composantes de l'élasticité les accroissements (139), avec cette différence qu'on aura

$$\Delta^2 x_{,} = \frac{d^2f}{d\alpha h\,d\beta k} \; \theta\theta'\,hk + \frac{d^2f}{d\beta k}, \; \theta'^2 k^2 + \frac{d^2f}{d\beta k\,d\gamma l} \; \theta'\,\theta''\,kl,$$

et de même pour $\Delta^2 y_i$, $\Delta^2 z_i$; que, de plus, $\theta' y$ sera toujours supposé positif et $= 1$ ou > 1, tandis que θ'' et θ seraient des entiers quelconques, positifs ou négatifs. Mais on peut ajouter aux sommes dont il s'agit les différences où $\theta' = 0$, puisque ces différences sont identiquement nulles; et, aux mêmes sommes, on peut substituer, sans les changer, celles où $\theta'' = 0$ ou > 0, et où θ et θ' ont des valeurs entières quelconques, positives ou négatives.

Enfin, si nous passons de la face γ du parallélipipède élémentaire fondamental à la face parallèle, les formules (139) s'appliquent encore en ne faisant varier que θ'' dans Δx_i, Δy_i, Δz_i; ainsi on aura, par exemple,

$$\Delta^2 x_i = \frac{d^2 f}{d\gamma l . d\alpha h} \theta'' \theta\, lh + \frac{d^2 f}{d\beta k . d\gamma l} \theta'\, \theta''\, kl + \frac{d^2 f}{d\gamma l^2} \theta''^2 l^2.$$

On pourra, comme précédemment, y ajouter les termes où $\theta'' = 0$. Si donc on ajoute les accroissements d'élasticité dus au passage des trois faces adjacentes sur les faces parallèles, on trouvera que l'addition de chacune des trois expressions (139) donnera identiquement chacune des expressions (134) comprises entre les mêmes limites; en sorte que, si on établit avec elles et la condition (135) les équations de l'équilibre et du mouvement pour un parallélipipède, on retombera identiquement sur les équations (137) : ce qui justifie entièrement le mode suivi jusqu'à présent pour trouver les équations d'équilibre et de mouvement, quoiqu'il ne paraisse pas logique avec la matière discontinue. Il est pour le moins étrange, en effet, de faire intervenir, dans l'explication de faits réels, des surfaces qui n'existent pas et n'ont pas de rapport avec la constitution des molécules.

Il importe de faire observer ici que, si nos calculs ont légitimé l'emploi du parallélipipède et des forces superficielles pour établir les équations de l'équilibre et du mouvement, ils ne l'ont fait qu'en prouvant l'identité des formules pour le cas d'un parallélipipède avec les formules réelles, et nullement en justifiant le raisonnement ou son emploi à toute autre forme de solide. Ainsi la considération de l'équilibre du tétraèdre, imaginée par Cauchy, reste réservée. Nous ne pouvons ni en certifier, ni en condamner les résultats, ne les ayant pas examinés et n'en voyant pas la justification *à priori*.

53. Jusqu'à présent nous sommes restés, pour toutes nos déductions, dans le domaine de la raison pure, et nous nous sommes bornés, lorsque nous avons voulu recourir à l'expérience, à reconnaître par son moyen quelle attraction répugnait aux phénomènes naturels. C'est ainsi que nous avons dû écarter l'attraction en raison inverse du cube de la distance. Ici se présente un de ces moyens de comparaison que nous ne voulons pas laisser échapper.

Imaginons un milieu peu étendu, homogène, uniforme, où la densité, constante dans la même couche horizontale, ne varie qu'avec la hauteur; où la force autre que l'attraction en raison inverse de la $n^{ième}$ puissance de la distance se réduit à l'action verticale de la pesanteur, supposée constante dans tout le milieu, où le repos est absolu. Imaginons, en un mot, le milieu qu'ont cherché à réaliser Dulong et Arago dans leur célèbre vérification de la loi de Mariotte, et supposons-y la possibilité en un point, et dès lors en tous, d'y construire un parallélipipède élémentaire rectangulaire ayant une arête γ verticale, et les deux autres, α et β, horizontales. Dans ce cas, les formules (8) se réduisent visiblement aux suivantes :

$$(140) \quad x = a\alpha h + b\beta k + c, \quad y = a'\alpha h + b'\beta k + c', \quad z = f_3(\gamma l).$$

Partant on a, en remontant à la formule (136),

$$(141) \quad \begin{cases} \dfrac{d\Phi}{dx}\,dx = a\,\dfrac{d\Phi}{d\alpha h}\,hd\alpha + b\,\dfrac{d\Phi}{d\beta k}\,kd\beta = 0, \\[2mm] \dfrac{d\Phi}{dy}\,dy = a'\,\dfrac{d\Phi}{d\alpha h}\,hd\alpha + b'\,\dfrac{d\Phi}{d\beta k}\,kd\beta = 0, \end{cases}$$

ce qui s'accorde avec les conditions évidentes d'après nos conventions

$$\frac{d\Phi}{dx} = 0, \quad \frac{d\Phi}{dy} = 0 ;$$

pour le même motif que Γ ne varie pas avec x et y, on a

$$(141\ bis) \qquad \frac{d\Gamma}{dx} = 0, \quad \frac{d\Gamma}{dy} = 0.$$

L'équation (135) se réduit donc rigoureusement à

$$(142) \qquad \Phi \frac{d\Gamma}{dz} + \Gamma \frac{d\Phi}{dz} = 0,$$

qui, grâce à l'équation (140), peut être remplacée par

$$(142\,bis) \qquad \Phi \frac{d\Gamma}{d\gamma l} + \Gamma \frac{d\Phi}{d\gamma l} = 0.$$

Nous avons encore, avec les données que nous avons admises,

$$(143) \qquad \frac{d^2x}{dt^2} = 0, \quad \frac{d^2\gamma}{dt^2} = 0, \quad \frac{d^2z}{dt^2} = 0, \quad X = 0, \quad Y = 0, \quad Z = -g.$$

Si donc nous remontons aux formules (137), nous voyons qu'elles deviennent

$$(144) \qquad \begin{cases} 0 = 2\omega^2\mu^2 f_n \, S \dfrac{1}{\varpi^{n-1}} \, S \left(\dfrac{\Delta^2 x_1}{r_1^{n+1}} - \dfrac{(n+1)\Delta x_1 \Delta r_1}{r_1^{n+2}} \right), \\[2ex] 0 = 2\omega^2\mu^2 f_n \, S \dfrac{1}{\varpi^{n-1}} \, S \left(\dfrac{\Delta^2 \gamma_1}{r_1^{n+1}} - \dfrac{(n+1)\Delta \gamma_1 \Delta r_1}{r_1^{n+2}} \right), \\[2ex] -\mu g = 2\omega^2\mu^2 f_n \, S \dfrac{1}{\varpi^{n-1}} \, S \left(\dfrac{\Delta^2 z_1}{r_1^{n+1}} - \dfrac{(n+1)\Delta z_1 \Delta r_1}{r_1^{n+2}} \right). \end{cases}$$

Dans les équations (137), les quantités renfermant les signes sommatoires étaient les accroissements complets que les sommes recevaient
pour les accroissements d'une unité de α, β, γ; dans les équations (144),
ces différences sont indépendantes des accroissements de α et de β,
et dépendent seulement de celui de γ. Si donc on représente par
h, k, l, les trois côtés du parallélipipède élémentaire fondamental
actuel, par Γ sa densité, et si on se rappelle que nous avons supposé l
sensiblement constant, les sommes premières des trois équations (144)
pourront être mises sous la forme

$$(145) \qquad \begin{cases} \dfrac{A\mu}{l} = 2\omega^2\mu^2 f_n \, S \dfrac{1}{\varpi^{n-1}} \cdot S \dfrac{\Delta x_1}{r_1^{n+1}}, \\[2ex] \dfrac{B\mu}{l} = 2\omega^2\mu^2 f_n \, S \dfrac{1}{\varpi^{n-1}} \cdot S \dfrac{\Delta \gamma_1}{r_1^{n+1}}, \\[2ex] \dfrac{C\mu}{l} - \mu g\gamma = 2\omega^2\mu^2 f_n \, S \dfrac{1}{\varpi^{n-1}} \cdot S \dfrac{\Delta z_1}{r_1^{n+1}}. \end{cases}$$

20.

Ici A, B, C sont des constantes, et on les a divisées par la quantité l supposée constante dans l'étendue du corps, pour maintenir l'homogénéité des formules avec des constantes finies. Si on remplace à présent, dans les premiers membres, μ par sa valeur Γhkl, et les seconds par les valeurs (100) qui ont les mêmes limites et où il faut faire $\sin c = 1$, puisque nous avons supposé le parallélipipède rectangulaire, et $\gamma = \frac{z}{l}$, nous aurons

$$A\Gamma hk = E_{n,x}hk, \quad B\Gamma hk = E_{n,y}hk, \quad (C - gz)\Gamma hk = E_{n,z}hk;$$

ou, en divisant tout par hk,

(146) $$A\Gamma = E_{n,x}, \quad B\Gamma = E_{n,y}, \quad (C - gz)\Gamma = E_{n,z}.$$

Or, les composantes de la force élastique sont, dans le cas de l'expérience de Dulong et Arago, ce qu'on appelle la *pression* et qu'on représente par p; de plus, on suppose nulles les composantes tangentielles sur la base : c'est du moins ce qu'indique l'expérience. Alors

$$A = 0, \quad B = 0,$$

et la théorie donnera, comme approximation,

$$p = (C - gz)\Gamma,$$

ou, à très-peu près,

(147) $$p = C\Gamma;$$

car gz est toujours très-petit à cause de la faiblesse de z dans les expériences et C est fort grand, même pour les gaz. Or, la formule (147) est l'énoncé de la loi de Mariotte. La loi des attractions conduit donc directement à la loi de Mariotte dans les limites d'exactitude que comportent les expériences. Il y a là, ce nous semble, une jolie vérification, et elle n'est pas la seule. Considérons, en effet, au lieu d'un réseau de parallélipipèdes égaux et rectangulaires à bases horizontales où les attractions horizontales se détruisent réciproquement, à cause de leur symétrie, et où, par conséquent, on a $A = 0$, $B = 0$, un système de parallélipipèdes obliques à bases horizontales, sans système rectangulaire de même famille (n° 22), au moins appuyé aux mêmes bases. Les équations (140) subsisteront toujours, ainsi que leurs conséquences, les coordonnées x, y, z étant encore rapportées au même système d'axes rectangulaires que précédemment. Nous retomberons donc sur les relations (146) et (147) où A et B ne pourront plus être simultanément nuls. Soit a le nombre qui représente la surface de contact; si nous remplaçons, dans les deux premières (146), Γ par sa valeur approximative $\frac{P}{C}$ tirée de l'équation (147), et si nous les multiplions par a, elles deviendront

(148)
$$\frac{A}{C} ap = a\, E_{n,x}, \quad \frac{B}{C} ap = a\, E_{n,y}.$$

Or ap représente la résistance totale à la compression du corps et est égal à son poids P; $a E_{n,x}$, $b E_{n,y}$ représentent de même les résistances horizontales que le corps oppose à la traction lorsqu'il est attiré, c'est-à-dire les forces qu'on est convenu d'appeler *de frottement*, et que nous désignerons par F_x, F_y. Avec ces notations, les équations (148) deviennent

(149)
$$F_x = \frac{A}{C} P, \quad F_y = \frac{B}{C} P;$$

c'est-à-dire que les frottements sont, dans les limites d'exactitude admises, proportionnels aux poids, ce qui est la loi expérimentale connue du frottement dans les cas ordinaires. Certes, nos calculs n'ont pas la même portée que l'expérience, puisqu'ils concernent seulement deux corps de même nature superposés et en équilibre, mais nous pensons cependant qu'on trouvera notre vérification remarquable.

54. Nous espérons avoir démontré à tout lecteur sérieux et habitué à ne pas se payer d'assertions dénuées de preuves, non-seulement que les physiciens qui cherchent dans les transformations d'un mouvement intrinsèque antérieur l'explication des lois du monde physique sont dans l'erreur la plus complète, et que les attractions seules donnent la clef des phénomènes, mais encore que la considération séparée des attractions en raison inverse de la $n^{\text{ième}}$ puissance de la distance est la véritable marche à employer pour avancer la théorie. Donnons, à ce sujet, quelques développements de la conception que nous nous sommes faite du monde physique.

Jusqu'ici nous n'avons envisagé que les corps homogènes et d'une distribution régulière; nous y avons ensuite supposé les molécules situées à des distances les unes des autres telles, que leurs actions n'interviennent pas dans leurs actions réciproques, ces molécules pouvant d'ailleurs être des agrégats d'atomes. La dernière hypothèse sera facilement acceptée, et nous avons précédemment vu qu'elle était justifiée par certains phénomènes d'optique; mais il n'en sera pas de même de la première hypothèse, l'homogénéité et la régularité, en contradiction avec l'opinion de nombreux physiciens. En y réfléchissant néanmoins, on comprendra facilement que l'homogénéité, telle que nous l'avons définie, c'est-à-dire une distribution régulière de molécules égales, est le cas de presque tous les fluides gazeux et liquides, et, parmi les solides, des cristaux. Or les corps solides peuvent, pour un grand nombre, être considérés comme des agrégats de cristaux et de parcelles de pâte homogène dans l'acception ordinaire du mot. Donc les résultats trouvés pour les corps homogènes conviendront aux parcelles constitutives du corps et conduiront, par conséquent, aux propriétés de leur ensemble. L'étude des corps homogènes est donc utile, même pour les corps solides.

Nous sommes loin d'avoir épuisé l'étude des corps homogènes, tels que nous les avons définis. Même en bornant la question, comme nous l'avons fait, à l'étude des phénomènes intérieurs, il y a la question analytique de la sommation. Nos essais de solution nous ont permis à la vérité d'obtenir quelques résultats, entre autres la vérification de la loi de pression et celle du frottement, mais nous n'avons pas pu aborder celle, bien autrement importante, de la variation de pression sur les différents plans qu'on peut mener par un point donné. Aussi n'avons-nous point parlé de l'ellipsoïde d'élasticité ou de la figure qu'on doit lui substituer. En supposant qu'on vienne à bout de la question de sommation, il y aura encore la question très-importante et très-difficile de l'intégration générale des équations de l'équilibre et du mouvement. Puis il faudra considérer le contact de corps homogènes de nature différente et chercher les phénomènes que l'équilibre exige dans ce contact. En écartant les questions de combinaison, c'est-à-dire du groupement d'un certain nombre de molécules de l'un des corps autour d'une molécule de l'autre, il semble bien difficile d'admettre

qu'une molécule d'un corps sur la surface de contact puisse correspondre à plusieurs molécules de l'autre corps sans que celles-ci se
déplacent pour prendre un certain ordre. De là, dans le voisinage de
la surface de contact, une déviation nécessaire des lois d'équilibre du
reste de la masse, et, par suite, une déformation. Nous n'avons pas
encore soumis cet aperçu au calcul, mais il semble tellement évident
à priori, que le calcul devra le justifier. C'est du reste une explication
fort probable des causes de la capillarité que l'expérience montre au
contact de certains corps et qui doit exister d'une manière générale.

Après la question des contacts envisagée sous le point de vue précédent, vient l'importante question des mélanges. Le cas le plus simple
est celui des mélanges homogènes. Il semble fort probable que l'ordre
des molécules d'un des corps mélangés y dépend dans une certaine
mesure de celui des molécules de l'autre corps. C'est une question à
traiter en consultant tour à tour les lois de l'analyse, de la mécanique
et de l'expérience, ainsi que nous l'avons fait pour l'attraction en raison inverse de la $n^{ième}$ puissance de la distance. Tous les corps de
la nature peuvent être considérés comme un mélange du corps même
et de l'éther qui le traverse ; la question des mélanges se rapproche
donc davantage des phénomènes que la nature nous offre journelle-
ment. Elle comprend une partie des faits de la lumière, de la chaleur,
du son et de l'électricité.

Nous avons observé que les phénomènes physiques doivent dépendre
d'une attraction de la forme

(150)
$$\frac{a}{r^{\alpha}} + \frac{b}{r^{\beta}} + \frac{c}{r^{\gamma}} + \cdots,$$

dont il suffirait d'étudier séparément les termes $\frac{a}{r^{\alpha}}$, $\frac{b}{r^{\beta}}$, ... Cette étude

nous a successivement montré que le premier de ces termes $\frac{a}{r^{2}}$ expli-

quait tous les phénomènes à distance appréciable, mais était impuissant
à produire la moindre action moléculaire ; que le plus petit des exposants suivants était au moins égal à 4, et que si r devenait une quantité
extrêmement petite de l'ordre h, tous les termes consécutifs au premier dans la série (150) devaient être de l'ordre $\frac{1}{h^{i}}$; qu'autrement ils ne

pouvaient pas intervenir dans les actions moléculaires. Qu'on suppose ces termes en aussi grand nombre qu'on voudra, les résultats obtenus dans le n° 53 resteront les mêmes, mais il y aura néanmoins des conséquences très-différentes. Ainsi, admettons deux termes de l'ordre $\frac{1}{h^4}$, tels que $\frac{b}{r^4} + \frac{ch}{r^5}$. Si la distance, par suite d'une action quelconque, diminue de moitié et soit $\frac{r}{2}$, l'attraction sera devenue $\frac{16\,b}{r^4} + \frac{32\,ch}{r^5}$; par contre, si la distance est doublée, l'attraction devient $\frac{b}{16\,r^4} + \frac{ch}{32\,r^5}$. Le terme $\frac{ch}{r^5}$ varie donc beaucoup plus rapidement que le terme $\frac{b}{r^4}$, et donne une plus grande stabilité à l'équilibre; à plus forte raison en sera-t-il de même d'un terme d'ordre $\frac{1}{h^n}$, où n sera > 5, en sorte que s'il y avait un grand nombre de termes de la sorte, la rupture de l'équilibre serait à peu près impossible, et les derniers auraient une influence prépondérante. On est donc conduit à admettre que, dans les gaz, et en général dans les fluides, il existe au plus deux termes de l'ordre $\frac{1}{h^4}$, et probablement qu'il y en a seulement un en jeu, qu'il y en a davantage dans les corps solides, sans toutefois qu'ils soient nombreux. Tout ceci peut être conçu de la manière suivante.

Pour que les atomes constitutifs de la molécule n'interviennent dans les actions moléculaires considérées jusqu'ici que comme si les molécules étaient concentrées dans leurs centres de gravité, et que leurs distances à ce centre n'influent pas sur les résultats, il est nécessaire que les distances atomiques soient négligeables par rapport aux distances moléculaires, c'est-à-dire d'ordre h^2. Donc, pour les actions d'atome à atome, un seul des termes

$$\frac{a}{r^4} + \frac{bh}{r^5} + \frac{ch^2}{r^6} + \cdots,$$

le dernier, peut intervenir et tous les autres donnent des effets négligeables, puisque le premier est de l'ordre $\frac{1}{h^4}$, le second de l'ordre $\frac{1}{h^5}$, le troisième de l'ordre $\frac{1}{h^{10}}$, ... Mais cela ne semble pas conforme aux expériences qui n'accusent pas ordinairement d'effets chimiques, c'est-à-dire des actions d'atome à atome dans les contacts où les distances sont seulement de l'ordre h. Avec plusieurs termes de l'ordre $\frac{1}{h^4}$, et s'il n'en existait pas d'ordres inférieurs, il y aurait toujours des actions de cette nature avant d'arriver à des distances d'ordre h^2. Par contre, les expériences se concilient avec l'hypothèse que la série (150) se réduit à trois termes, le premier de l'ordre $\frac{1}{h^2}$, le second de l'ordre $\frac{1}{h^4}$ à la distance h, le troisième d'un ordre inférieur à la même distance avec un exposant de r plus grand, tel par exemple que serait le terme $\frac{ch^3}{r^6}$. En effet, à la distance h, ce terme sera tout à la fois négligeable, comme $\frac{a}{r^2}$, par rapport à $\frac{b}{r^4}$; mais à une distance h^2, il sera de l'ordre $\frac{1}{h^9}$, tandis que le premier sera seulement de l'ordre $\frac{1}{h^4}$, et le second de l'ordre $\frac{1}{h^8}$; il les primera donc tellement, que tous deux seront négligeables par rapport à lui. A une distance intermédiaire, telle que $h^{\frac{3}{2}}$, les deux derniers peuvent agir simultanément, car tous deux seront de l'ordre $\frac{1}{h^6}$, tandis que le premier sera seulement de l'ordre $\frac{1}{h^3}$. Dans les gaz où les distances sont très-grandes, on n'envisage que le terme $\frac{b}{r^4}$ extrêmement grand par rapport au terme $\frac{ch^3}{r^6}$, et l'équilibre n'est pas très-stable; les variations de densité peuvent être fort grandes et varier du simple au décuple et même plus. Dans les solides, où les distances sont beaucoup plus rapprochées, où r est bien plus petit, le terme $\frac{ch^3}{r^6}$, ou tout autre de cette nature, devient comparable au terme $\frac{b}{r^4}$, et l'équilibre acquiert plus de stabilité; les phénomènes de dilatation et autres sont également plus compliqués. Dans les phénomènes chimiques, les deux termes $\frac{b}{r^4}$ et $\frac{ch^3}{r^6}$ interviennent à la fois, ou le dernier domine seul. Je sens que cette explication rencontrera immédiatement une objection très-sérieuse. Au moment de la solidification, la plupart des corps liquides augmentent de volume; partant, leurs distances moléculaires doivent être au moins aussi grandes que dans le liquide. Toutefois cette objection n'est pas complétement insoluble. Imaginons en effet qu'en se solidifiant le corps absorbe dans ses pores une portion d'éther beaucoup plus grande que n'en contenait le liquide; les distances des molécules, corps et éther, pourront être beaucoup moindres que dans le liquide primitif, sans que le poids du corps soit augmenté d'une manière appréciable, puisque l'éther a certainement une très-faible densité spécifique. La condition d'un plus grand rapprochement des molécules peut donc concorder avec la constitution des corps solides. Certains phénomènes calorifiques, tels que le dégagement de chaleur latente du corps dans l'acte de la solidification, autrement dit une augmentation de vibrations moléculaires de l'éther, pourraient bien être le résultat de cette plus grande absorption d'éther.

Toutes ces questions, et bien d'autres que le lecteur imaginera aisément, ne sont certainement pas résolues dans les lignes qui précèdent, et les solutions indiquées pourront être complétement modifiées par une étude plus sérieuse. Nous avons voulu seulement indiquer l'ordre dans lequel on nous semble devoir y appliquer l'analyse : l'emploi de celle-ci et la comparaison des résultats rationnels avec l'expérience peuvent seuls amener une certitude.

FIN.